生命的诗篇：解密植物学

[俄] 亚·瓦·岑格尔　著

王梓　译

李朝霞　审校

U0253653

中国青年出版社

图书在版编目（CIP）数据

生命的诗篇：解密植物学 /（俄罗斯）亚·瓦·岑
格尔著；王梓译 . -- 北京：中国青年出版社，2025. 1.
-- ISBN 978-7-5153-7479-6

I . Q94-49

中国国家版本馆 CIP 数据核字第 2024QF2150 号

责任编辑：彭岩
出版发行：中国青年出版社
社　　址：北京市东城区东四十二条 21 号
网　　址：www.cyp.com.cn
编辑中心：010-57350407
营销中心：010-57350370
经　　销：新华书店
印　　刷：三河市君旺印务有限公司
规　　格：660mm×970mm　1/16
印　　张：13
字　　数：160 千字
版　　次：2025 年 1 月北京第 1 版
印　　次：2025 年 1 月河北第 1 次印刷
定　　价：58.00 元

如有印装质量问题，请凭购书发票与质检部联系调换
联系电话：010-57350337

编者的话

——

    本版的《解密植物学》是作者 A. B. 岑格尔去世后的第一版。岑格尔是一位专业的物理学家，但却对植物学有着高度的"亲切感"，这使他又成为一名非常有影响力的业余植物学家。岑格尔出众的科普才华，加上他对植物学真挚而纯粹的热情，这本《解密植物学》出色的叙述和结构也就毋庸置疑了，此书出版之后得了读者的高度评价，在今天仍然很有价值。

    《解密植物学》的最后一版（第四版）问世后的 12 ~ 15 年间，生物科学又得到了许多新成就的补充，由此直接产生了不少变化，使得我们有必要仔细审视原书全文，根据事实对其进行修正和改动。

    另外，我们也鼓起勇气对原文进行了一系列补充，且尽可能地按照《解密植物学》的写作风格来叙述。要做到这一点自然是极其困难的，至于我们的补充是否成功，就请阅读这部新版本的读者来评判吧。这些补充集中在桉树、巨杉、柑橘作物、向日葵和颠茄这几节中。

    除上述补充之外，我们还加入了重新撰写的两章：①《再论小不点儿》（伏尔加河在开花）；②《写给植物猎手》。这最后一章代替了原书第四版的学术编辑撰写的《作为原料来源的苏联植物》。

    上述补充的困难还在于，身为一名专业的植物学家，我并不总能简单地从"业余爱好者的角度"看问题……唯能聊以自慰的是：假如读者当中能出现更多的植物学爱好者，就像去世的 A. B. 岑格尔那样，青年博物学家们就必定会对植物学产生更严肃的兴趣，并取得更突出的成就。

C. 斯坦科夫[①]

莫斯科

1951 年 5 月

① 谢尔盖·谢尔盖耶维奇·斯坦科夫（1892 ～ 1962），苏联植物学家。——译注

目录

第一章　植物界的巨无霸　001

巨树和它的种子　002

桉树　004

北美红杉　008

鬼索　014

海蛇　015

第二章　小不点儿　019

细菌　020

土壤中的细菌　020

硅藻　022

最小的开花植物　024

高山植物　025

中国盆景　028

第三章　再论小不点儿　029

伏尔加河在开花　030

第四章　森林里的迎春者　049

童年回忆里的故事　050

第五章　玫瑰　059

独特的谜语　060

玫瑰？不是玫瑰！　068

第六章　杂草　071

"世界公民"　072

不请自来的客人　073

外来者的入侵　074

美洲的欧洲移民　078

谜团　078

被预言的大爪草变种　083

菟丝子恶毒的拥抱　085

沙漠美人　088

第七章　箭毒木　095

第八章　大花　105

睡莲　106

亚马孙王莲　108

南瓜　111

向日葵　111

欧亚列当　　　　　　　118　　　云杉果的怪胎　　　　　162

木兰　　　　　　　　　119　　　三片儿核桃　　　　　　163

阿诺尔德大王花　　　　121　　　多头蒲公英　　　　　　163

怪诞的巨花　　　　　　124　　　无舌蒲公英　　　　　　164

最大的种子　　　　　　127　　　五距柳穿鱼　　　　　　164

第九章　活的锚　　　　131　　　第十三章　受伤的植物　167
　　　　　　　　　　　　　　　　有益的伤　　　　　　　168

第十章　开锁草　　　　139　　　"白桦被锋利的斧子砍伤"　170
　　　　　　　　　　　　　　　　"受伤"的树木　　　　　171

第十一章　谈谈松果　　145　　　重获青春的橘子树　　　173
日常的语言和植物学家的语言146　双层的柑橘　　　　　　174

西伯利亚类雪松　　　　147

大自然的鬼斧神工　　　150　　　第十四章　植物学趣闻　179

真正的雪松　　　　　　154　　　像甲虫一样翻身的植物　180
　　　　　　　　　　　　　　　　根朝天的南瓜苗　　　　181

第十二章　植物界的怪胎157　　　会跳的坚果　　　　　　182

异常的丁香　　　　　　158　　　残缺的丁香叶　　　　　185

绿花三叶草　　　　　　159　　　看不见的花　　　　　　187

槭树的翅果　　　　　　160

异常的缬草　　　　　　161　　　第十五章　写给植物猎手　191

第一章　植物界的巨无霸

——

> "植物的生命中最突出的特征是，它会生长：
> 它的名字就说明了这一点。"
>
> ——K. A. 季米利亚泽夫 [①]

[①] 克利缅特·阿尔卡季耶维奇·季米利亚泽夫（1843～1920），俄国著名植物学家，光合作用研究的泰斗。引文出自他的科普讲座《细胞》（后被收入《植物的生命》一书）。在俄语中，"植物"（растение）一词与动词"生长"（расти）同根。

巨树和它的种子

世界上最高的人大约有 2.75 米高。最大的非洲象大约有 5 米高。现存最大的动物——蓝鲸差不多能长到 30 米长。而要量出早已灭绝的"化石"巨兽中最大的个头，还得再加上好几米才行哩；我们就取个整数，算 40 米好了。这是个极限，是曾在地球上生活过的巨兽创下的世界纪录。

而植物中的巨无霸还要超出这个极限好几倍呢。

有记载世界上最高的树木有 150 米出头（也就是列宁格勒的彼得保罗要塞①的高度，或者说埃菲尔铁塔一半的高度）。这巨树的确是最高的了，但它还远远不是植物界中最高的代表。不过，我们暂时只谈树木吧。

据记载最高的是澳洲桉树。人们精确测量过的最高的桉树足有 155 米高。排第二位的是加州巨杉，又被植物学家称作北美红杉。生长在美国加利福尼亚州的北美红杉。

有记载最高的北美红杉只比最高的桉树矮 12 ～ 15 米。

把这两种巨树同它们的种子比比大小是很有意思的。桉树的种子非常微小；那是一种棱角突出的褐色小颗粒，其表面上相聚最远的两点的直线距离只有一两毫米。然而，每个这样的小颗粒都是一枚种子，换句话说，里面已经包含着桉树的胚胎，形成了最初的嫩叶和幼根的雏形。每颗这样的种子里都蕴含着长出参天巨木的潜力，而这巨树又能结出千千万万跟它一样的种子！看起来简直不可思议；不过，只要你了解了现代的植物生物学，你就不会觉得这种生长现象有多神奇了，而会为科学研究的惊人成就，为科学能如此深入了解树木复杂的营养和发育过程而惊叹不已。

即使不算上它们的"小翅膀"，北美红杉的种子也明显比桉树的种子大

---

① 列宁格勒即今天的圣彼得堡，俄罗斯第二大城市。彼得保罗要塞为当地著名景点。

图 1　桉树（左）、巨杉（右）、彼得保罗要塞（中），下面是白桦、云杉、猴面包树、大象和人（比例尺为 1 : 1000）。

图 2　自然大小的桉树种子（左）；　　图 3　自然大小的红杉种子（左）；
　　　　放大 10 倍的桉树种子（右）。　　　　　自然大小的普通榛子（右）。

多了。个子稍小的巨人反而是由稍大的种子长出来的，这一点也没有什么好奇怪的：你要知道，种子的大小和植物的大小之间根本就不存在什么比例关系。我们的榛子可比桉树的种子大得多，可是榛子只能生出些灌木丛，也就能充当拐杖或鱼竿的长度，而桉树种子长成的却是一片片能用来造桅杆的参天森林。

桉树

读者朋友，我想跟你聊聊桉树，但植物学的事儿还是边走边聊为好。那我们就出发吧！去哪？最好是去澳大利亚的桉树林，但我怕自己当不好导游——我只在书上读过澳大利亚的事情。想看看活生生的桉树，也可以随便找个温室或室内植物的爱好者；不过，光是看看花盆里的桉树的叶子和样貌，只会对成年的桉树留下错误的印象。当然，尽管不能感受到伟岸的成年大树，却也可以揪下一片叶子，用手指头搓一搓，闻一闻桉树油特有的气味。

在克里米亚半岛南岸便可以找到露天桉树林；可那些家伙被澳洲的艳阳给惯坏了，到了俄罗斯就被冻得瑟瑟发抖，长势也很差，地上部分在严冬里全冻死了，只剩下根部还活着，到第二年才重新长出一丛丛嫩芽。不过，桉树在高加索的黑海沿岸地区长得倒是不错……

早在 1880 年，就有人在俄罗斯的高加索种下了零星的几棵桉树。你们当中要是有人去过格鲁吉亚西南部城市巴统，或许曾漫步在美丽的桉树林荫道，从巴统城区走到"绿角"，走到由植物学家 A. H. 克拉斯诺夫[①] 建立的、著名的巴统植物园。想想这些澳洲居民的样子吧，它们的树干是那么独特，上面剥落的树皮就像一条条缎带，高高的树冠上长着垂直的叶片，所以正午的阳光透过桉树时几乎不会受到遮挡。在温暖潮湿的亚热带地区，桉树简直过得太惬意了，只有最寒冷的冬天才会吃到苦头。

不过必须指出，桉树并不是特别怕冬天的寒冷，而是受不了紧随暖湿天气而来的严寒。1950 年的黑海沿岸就发生过这样的事：上一年的 12 月温暖潮湿，而当年的 1 月立刻就袭来了严酷的寒潮。那里的桉树已经开始生长了，它们吸收了大量的水汽，抽出了新的枝条和叶片，结果却没抗住 1 月的严寒，全都被冻死了。有趣的是，被冻得最厉害的是朝向西南方的部位，那正是 1 月的寒风吹袭的方向；而那些朝向东方的部位，到了春天又渐渐缓过了劲儿，长出了新的小叶子。但是对这样的树木来说，倒春寒往往是会要命的。

这个事件为俄罗斯的园丁和植物学家上了一堂很好的课：把其他国家（特别是热带和亚热带国家）的奇花异草移植到俄罗斯时，不管这移植有多简单，都必须特别小心谨慎，而且移植初期可能会遇到许许多多的挫折……不过，即便遭遇了挫折，也不应该退缩……

引进新的植物来丰富已有的植物，这是个非常引人入胜的工作，首先应该广泛引进原产于澳大利亚西部和西南部的桉树，因为那儿的气候非常干燥……生长在当地的桉树多种多样，有许多种类都非常耐旱，能忍受盐碱地的条件，此外还相当抗寒。

桉树在室内也能长得很好，但我们不推荐在家里盆养。桉树的生长速度非常快，一两年后就该顶破你家的天花板了，而且种在家里的桉树也不怎么好看；它们会长出可笑的小树条子或歪七扭八的树丛。

---

① 安德烈·尼古拉耶维奇·克拉斯诺夫（1862 ~ 1915），俄国植物学家、地理学家、旅行家。

　　桉树在罗马郊外也长得不错。有一回，我们沿着古老的阿庇亚大道漫步，脚下便是那些曾在恺撒军团的铁蹄下颤抖的石头①。这些石头在2000多年的"服务"中已经被严重磨损，"永恒之城"②的面貌在此期间也多次改变，但我们面前的图景与数千年以前几乎一模一样。喧闹的首都旁怎会有这样一块死寂的荒漠啊！在这片自古便因热病而叫人望而生畏的土地上，一眼望去都看不到人家。然而，前方也显出了古罗马所没有的风景细节。沿着大道两旁，时而在这儿，时而在那儿，能看到一片片墨绿色的大树；这就是桉树的树丛。我来给你上一堂关于桉树的入门课吧。

　　如果你对植物学感兴趣，我可以告诉你：桉树属于桃金娘科（*Myrtaceae*）。按书里的说法，桉属包括600多个不同的种，它们都产自澳大利亚或澳大利亚附近的岛屿。前文提到的最高的桉树属于植物学家所说的杏仁桉种，现中文学名为桃叶桉（*Eucalyputus amygdalina*）。一般认为它就是世界上最高大的树木了。不过，读者朋友，你可能对植物科学的问题不太感兴趣，而更想了解生活技术应用的问题吧。那我可以告诉你：桉树是植物王国最宝贵的馈赠之一。桉树的木质又沉又实，坚韧无比，在造船业中是价值极高的材料：要制作船的龙骨（当然是小船的）和桅杆，再没有比桉木更棒的材料了。桉木做成的桩子和电线杆最为持久耐用。经过磨光加工，各种不同的桉木都能变成特别好看的材料，有灰色的，有棕色的，也有深红色的。欧洲人大量生产漂亮的桉木胶合板，常用它们来黏合家具。我再补充几点：桉树可以提供大量珍贵的鞣革材料，可以提炼医用桉树油，有些种类还会产出树胶。尽管如此，我还远远没有列举完桉树为科技做出的所有贡献哩。不过，暂且还是放一放这个问题吧：我们已经走到要去的林子跟前啦。

　　我们面前有几棵参天大树，树荫下是一座普普通通的小酒馆。这几棵

① 阿庇亚大道是连接罗马与南意大利的古代交通要道。尤里乌斯·恺撒（前102～前44）为古罗马著名政治家、军事家。
② 罗马的别称。

树看上去并不漂亮，倒是有些滑稽可笑。在不常见到桉树的人看来，它们显得又大又丑。树干和树枝都是光秃秃的，上面挂着一条条脱落的树皮，就像奇形怪状的破布①。只有树冠和树枝末端长着长长的佩刀状的叶片。成年树木那又细又长的墨绿色叶片根本就不像小树苗那宽大的青灰色叶片。很难相信这是同一种树木的叶子。只有仔细观察不同年龄的树苗，才能看到叶子不同形态之间的逐渐过渡。

树下堆着许多干燥的木质"小罩子"。没经验的人可能会以为这是果实的外壳，但知识丰富的植物学家会向我们解释说，这是花开时从木质花冠上掉落的花冠顶部。由于花冠质地坚硬，普通人经常会把未开放的桉树花当作它的果实。

我们面前的大树又高又壮，两人一起都只能勉强环抱它的树干。目测这棵树就算不到 100 岁，起码也有 80 岁了吧。于是我们问酒馆老板，您有没有从奶奶那儿听过这棵树种下的时间呢？老板的回答让我们大吃一惊：

"这棵树是我在女儿出生那年种的，也就是 28 年前吧。"

"您种下的是一整棵大树？"

"不，我种的不过是几根小树苗子，跟我差不多高。"

这可信吗？当然可信了。桉树的生长速度快得惊人。我这就给你举个绝对可靠的例子。意大利有个花园种下了桉树的种子（那是深受意大利人喜爱的蓝桉，*Eucalyptus globulus*）。仅仅过了 7 年，种子就长成了高 19 米、树干周长 1.5 米的大树②。要是再考虑到桉树那极为密实的木质，其迅猛的生长速度就更不可思议了。

健谈的老板很高兴能有个机会同外国人聊聊天。

"我们这儿的人嘛，"他说，"全靠桉树才能活着；没有了桉树，我和我

---

① 桉树和克里米亚半岛的希腊草莓树（*Arbutus andrachne*）一样，每年都会脱落树皮。——原注
② 罗马近郊是见不到老桉树的，因为在 19 世纪末的一场大冬寒里，当地的桉树全被冻死了。——原注

的孩子们都该被热病害死了。我请你们喝几杯桉树酒吧。这可是防热病的好东西。"

"谢了，酒我们就不喝了。您倒是给我们讲讲，为什么说桉树保护你们不得热病呢？"

"哦！桉树会带来好空气嘛！[①] 桉树的味儿能杀掉所有病菌，还能吓跑有毒的蚊子呢！"

说到桉树酒的药用功效和桉树的杀菌作用，老板大概还真说中了几分：医生经常用桉树制剂来消毒不是没道理的；但蚊子的问题就完全是另一码事了。有特别严密的观察证实，疟蚊可以安安稳稳地待在桉树叶上。

我们的老板忽略了问题的关键。桉树是非常出色的土壤吸湿器；这台"自动水泵"不断将水分抽到自己高大的树冠中，因此它周围很大一块地方都不会形成积水，自然就没有蚊子幼虫的生长条件。为此，桉树在所有温暖的国家都享有"热病卫士"的美誉。直到不久之前，人们才开始有意识地积极繁育桉树，但它们已经为人们节省了大量精力，并挽救了许多人的生命。为此，桉树值得我们的关注。

北美红杉

读者朋友，我邀请你一起去雅尔塔市立花园聊聊北美红杉。我非常喜欢这座精巧的花园，访客还能在其中找到许许多多绝妙的植物。

我曾多次带北方人参观这座花园，每次都叫他们惊叹不已：

"我在雅尔塔都住了两周多了，路过这座花园不下十次，却没想到错过了这么有趣的东西呀！这便是那著名的'猛犸树'吗？"

"咱们就在这棵奇妙茂盛的北美红杉前找张椅子坐下吧，我给你上堂

---

① 意大利语"好空气"（buon'aira）相对的是"坏空气"（mal'aira），由此产生了俄语中的"疟疾"这个词（малярия），且重音常常被错误地放在了 и 上（маляри́я）。——原注

短课。"

北美红杉的故乡在加利福尼亚，它们通常生长在高高的山上，所以完全不像桉树那么娇弱：它们可以抵抗 -20℃～ -15℃的短期严寒。

我们面前是一棵枝繁叶茂、身披绿装的大树，年纪已有 50 多岁了；这样的或更老一点的树在克里米亚半岛能见到许多。论起外貌，这个"绿色的少女"可比自己的先祖美丽多了，那些具有数千年历史的巨树我只在图片上看过，或者在博物馆和展览上看到过它们巨大的切片。这些远古巨树也有一些特别的意义，下面我们还会谈到。

人们发现北美红杉要比桉树更早一点，但时间也不是很长，也就不到 100 年之前。起初，这种巨树被人们叫作"加州松树"或"猛犸树"。第二个名字的由来大概是老红杉那弯弯曲曲的枯枝同猛犸象的长牙颇有几分相似。但除了绰号外，这种被重新发现的树木也得有个学名呀。第一个研究这种树的植物学家——英国人林德利打算给它起个特别的名字，用来纪念当年的英国英雄、战胜了拿破仑的威灵顿公爵[①]。于是巨树在1859年被命名为"威灵顿巨树"。可美国人开始抗议了：

"岂有此理！我们美国的树木怎么能让英国人来命名，何况还是个打仗的将军呢！"

于是美国植物学家按着本国英雄的名字重新命名了巨树，称它为"华盛顿巨树"……后来人们才发现，这两个名称都是错的。新发现的树是一个新的物种，但并不是一个新的属，所以 *gigantea* 这个种加词可以保留（这个名

图4　长生杉（*Sequoia sempervirens*）的树枝。

---

① 阿瑟·韦尔斯利，威灵顿公爵（1769～1852），英国军事家、政治家，在1815年的滑铁卢战役中击败了法国皇帝拿破仑。

字当之无愧，又不会得罪人！）[①]，但属名还得沿用 1847 年就已经发现的同属植物 *Sequoia sempervirens*（北美红杉）的属名。顺带说一句，这种杉树只比 *gigantea* 略矮一点，但寿命却比它长一些。

这样一来，"猛犸树"科学护照上的名字就变成了如今的"*Sequoia gigantea*"。也是北美红杉的另一个拉丁学名。

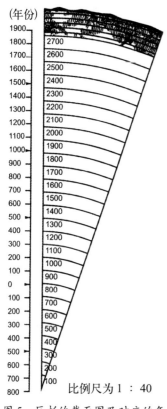

图 5　巨杉的截面图及对应的年龄、年份数字。

其实 *Sequoia* 一词是北美印第安人对北美红杉这种树木的称呼，但切罗基族印第安人恰好有位领袖也叫 Sequoyah（塞阔雅）。这样一来，巨树并没有让英国人或美国人占了便宜，反倒是纪念了抗击欧洲人入侵美洲的印第安民族英雄。所以说，这个命名不仅从植物学上看更加正确，从社会学角度看也是如此吧。

巨杉可以长到 142 米高。那可真高！把十棵这样的大树首尾相连，就能造出一根奇大无比的桅杆。世界上最粗的巨杉底盘合围足有 46 米！美国人喜欢各种令人印象深刻的玩意儿，便屡次把巨杉那庞大的树桩和切片送到欧洲展览。一块切片上放着一台钢琴，坐着四个音乐家，剩下的地方还能让 16 对舞伴在上面翩翩起舞哩。为了参加 1900 年的巴黎世博会，美国人用巨杉做了一款"世界上最大的黑板"。这块板子最终还是留在了美国：因为当时根本找不到一艘船能把它完整地运到欧洲去！

---

① *Giganteus* 在拉丁语中是"巨大的"的意思。

巨杉的木质很轻，不太硬但非常坚固，不容易腐朽。这是用来制作船壳的顶好材料。

通常认为巨杉的最高寿命为 4000 ～ 5000 年；长生杉的寿命上限可达 6000 年。为了正确认识到这个寿命究竟有多长，我们先以 2700 岁的"中年"巨杉为例。图 6 清楚表示出了这种树木的横截面及对应的年龄、年份数字。为了简化和缩小图示，我们规定每年树干增生的厚度为 1 毫米。实际上，这只是最年迈的巨杉的情况：年轻的巨杉生长得更快，所以 2700 岁的巨杉的实际厚度还要多一倍还多（也就是图示的 40 倍）。

请好好看图中的数字！找到巨杉在不同历史时期的年龄与厚度的对应关系！

当"永恒之城"打下第一块基石时，它还是棵绿油油的小树苗；当哥伦布的曾祖父的曾祖父还没出生时，它已经有 2000 岁的高龄了！

> "每当我望见孤零零的橡树，
>
> 我总想：这林中长老的年轮，
>
> 将活过我湮没无闻的一生，
>
> 如同他活过了多少代先人。"

这些忧郁的诗句是看到橡树触景生情写下的，可这棵橡树只有 200 ～ 300 岁而已呀；如果是巨杉的话，普希金还能说些什么呢？[1] 跟这位"林中长老"的寿命相比，一切国家和民族的历史都显得微不足道了！当西班牙还是古罗马一个偏远、荒凉、半开化的省份时[2]，我们的巨杉早已超过了普希金的橡树的年纪。过了十几个世纪，西班牙人征服了巨杉的故乡新大陆。两个半球都落入了西班牙人的统治之下——"我们的领土永不日落。"他们骄傲地说。

---

[1]　亚历山大·谢尔盖耶维奇·普希金（1799 ～ 1837）是俄罗斯最伟大的民族诗人，引文出自他的抒情诗《不论我漫步在喧闹的大街……》（1829，顾蕴璞译）。

[2]　西班牙所在的半岛于公元前 19 年被罗马征服，成为罗马的伊比利亚省。

又过了几个世纪，西班牙帝国的往昔荣光只剩下零星的回忆，而我们的"中年"巨杉依然生机勃勃，且还能再活上许多个世纪。这是多么漫长的寿命呀！

然而，植物科学要研究的时期还要长得多，相比之下巨杉的生命也不过是个小插曲。现代的两种巨杉都是曾经强盛无比的植物群落的残余。

如今，野外的巨杉只生长在加利福尼亚的一小片地方，而曾几何时，共有多达 15 种巨杉分布在整个北半球，甚至南美也有生长。古代巨杉的化石在亚洲、欧洲、格陵兰和智利都有发现。可数百万年过去了，当年的大地霸主又留下了什么呢？只剩下一小群后代外加几堆遗骸，这些遗骸也就是我们拿来烧火的次等"褐煤"。

植物学家对这些庞然大物、这些目睹了自然界千百年演变的"活证人"进行了非常有趣的研究。你肯定知道，把树木砍倒后就能根据年轮算出它的年龄。而如今人们发明了一种专门的仪器——钻孔器，可以把整个年轮打穿，然后取出一片从树皮直到木心的薄片，这样就算不砍倒树也能算出树龄了。

人们用这种方法处理加利福尼亚的巨杉，取得了 450 棵巨杉的资料，然后仔细测量和研究了它们的年轮。举个例子，已知潮湿气候下的巨杉年轮更宽，干旱气候下的更窄。学者对 450 棵巨杉的资料作了细致的整理，发现距今约 2000、900 和 600 年前曾有过三段降水丰富的时期（对应的年轮更鲜明、更宽大），而距今 1200～1400 年前的气候比较干旱（对应的年轮更窄）。

在生长和形成木心的过程中，巨杉很好地记录了气候的变化；如此看来，它岂不是大自然中优秀的"自动记录仪"？

有趣的是，一些古城的遗迹和今天的沙漠也证明了 2000 年前的潮湿时期……起初，人们自然是把这些城市建在水草丰盛的地方，但后来气候发生了变化，河流干枯了，人们便离开了自己建立的城市，沙漠的狂风又将它们埋葬在了茫茫的沙海中……

除了千百年间的气候变化，巨杉还在年轮上记录了短期的气候变化，

 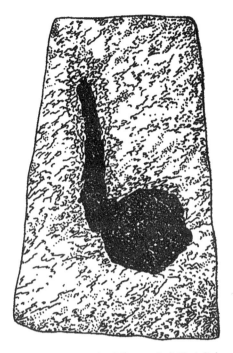

图 6　巨杉树枝化石的残余。　　　　图 7　巨杉树枝化石和球果的残余。

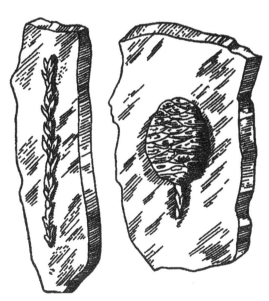

图 8　在格陵兰发现的巨杉化石的残余。

比如说 32 ～ 33 年里的变化。

研究这些林中巨人的年轮是件非常有趣的事情。

鬼索

俄罗斯地大物博、无所不有，在不同地方，有着千姿百态的自然景观，只缺真正的热带丛林。然而，正是在这些陌生的密林里，在热带阳光的照耀下，在肥沃的土地里，在潮湿闷热的空气中，大自然创造出了世上最长的植物茎干。这种植物叫做棕榈藤，是棕榈科省藤属的一种藤本植物；这并不是一般的棕榈树，它们修长的树干连桉树的一半儿都还达不到哩，而是一种细细的攀缘型植物，也就是所谓的棕榈藤；它们凭附着热带森林里最高的树木的树干或树枝，不断向上攀缘生长。棕榈藤的树干通常都很细，只有 4 ～ 5 厘米粗，有时还要更细点。藤蔓上长着一簇羽毛状的叶片组成的，叶柄末端长成了坚韧的长枝条。枝条上分布着又大、又硬、又尖、往下弯曲的刺儿；尖锐的刺儿在叶子上和茎干的上部也有。当棕榈藤沿着树木生长时，它用自己的"鱼叉"牢牢地钩住树干，免得让风给吹跑。它迅速长出一批又一批的新叶，抓附树干的位置也越来越高。下边的叶子逐渐脱落，棕榈藤本身只剩下原先的小树冠，但依然在沿着树干往上爬。最后它终于来到了大树的最高处；它的目标完成了，从暗处钻到了亮处，让叶子尽情沐浴炽热的阳光。它的营养增强了；它继续生长；但它已经不能继续往上了，上面已经没地方可以抓附了。棕榈藤的树冠留在原处，越来越长的茎干则开始往下攀爬。于是，支撑着棕榈藤的大树附近形成了一道道庞大而缠结的"鬼索"；这是第一批在热带丛林里披荆斩棘的欧洲人为它们起的绰号。这个绰号还保留在了学名中：有一种棕榈藤就被植物学家称作"鬼索"（*Demonorops*）。

把"鬼索"从树根到树冠的长度量一量，就能得到一个惊人的数字：长达 300 米，按某些资料的说法甚至有 400 米长！就算是取其中最小的数字，也差不多相当于埃菲尔铁塔的高度了，足足是桉树高度的两倍！

读者朋友，如果你从未去过热带丛林，那要亲眼见识棕榈藤就只有两条路可走了：一是去藏品丰富的植物温室，二是去……家具商店。质量最好的藤条家具就是用"鬼索"制成的。只要看看切口处（比如说椅子腿的末端）的材料，就很容易从那特别宽大的导管（直径可达半毫米）认出棕榈藤来。话说回来，这个观察还能帮你避免一种陈旧的错误见解，也就是把植物中树汁的上升流完全归结为"毛细作用"[①]。假如事实果真如此，棕榈藤长的就不该是宽大的导管，而是特别狭窄的导管了。

海蛇

从人类开始在广阔无垠的大洋上航行以来直到今天，都不时有传闻说某船在大洋里看到了奇大无比的海蛇——"差不多有一千米长呢！"可是，从未有可靠的消息表明有人捕获或杀死过这样的海蛇，哪怕是好好观察一番也没有。当然，我们可以猜测海洋深处真的生活着这样的怪兽，相反也可以对这些故事付之一笑，打趣说讲故事的人怕不是看到"绿蛇"了[②]；但最端正的态度应该是这样的：努力搞清楚海洋深处是不是确实有类似的东西，让最认真的人看到也可能误以为是巨大的海蛇。目前已经确定，有些情况下是海草长长的茎被当作了海蛇。这样的海草中有一类——巨藻（*Macrocystis pyrifera*）特别容易让人看走眼。这种海草常见于太平洋南部，它的草茎形状是这样的：先是笔直上升，够到水面后却拐了个弯，沿着洋流的方向水平伸展开去。其草茎的长度非常夸张，大多数可达几十米，最长的能达到 200 ~ 300 米，还有文献给出了 300 ~ 400 米的数字，但多数资料则语焉不详："几百米""可以跟最长的棕榈藤比个高下"。

---

① 毛细作用指浸润液体（接触某固体时能附着其表面并扩展开来）在细管里上升高的现象和不浸润液体在细管里降低的现象，引发这种现象需要足够细的管子。

② 在俄语口语中，"绿蛇"（зеленый змий）有酒精或酗酒的意思。

　　你可以想象一下这种海草随波逐流的样子；想象一下，草茎的末端挂住了一团海草，看上去就像个脑袋，这时你还敢不敢保证，从船上看到这么个东西后也不会说自己目击了"海蛇"呢？

　　不管怎么说都得承认，巨藻被我们列为植物界的巨无霸是当之无愧的。

图 9　巨藻（*Macrocystis pyrifera*）。

　　很遗憾，我并不清楚人类发现巨藻的故事，但我曾从一位权威学者处听说，俄罗斯的环球旅行家在这里面做出了非常重要的贡献。巨藻的化学成分具有极高的科学价值（以及技术价值）。活的巨藻含有 80% 的水，同时也含有极多的钾化合物，竟能从中提取出相当于活体重量 1% 的纯钾。

　　巨藻被植物学家归入由低等植物组成的褐藻属；因此，相比其他的巨无霸，它在植物系统中处于最低的位置。针叶树（裸子植物）巨杉的等级要高得多；身为单子叶植物的棕榈藤还要更高；最后是桉树，它属于双子叶植物纲中组织程度最高的目之一。

总之，我们的四个巨无霸从外形和构造上看都是一群彼此相差甚远的"伙伴"。把它们联系起来的只有一个共同点，那就是体型都非常庞大，从它们身上可以最明显地看出，各种各样的植物究竟能生长到什么样的程度。

第二章　小不点儿

细菌

聊过植物界的巨无霸后，接下来先要谈谈生物中的小不点儿，哪怕只简单提几句也好。

这个小不点儿就是细菌，细菌既不属于动物，也不属于植物，它属于微生物。之所以这里要先介绍它，主要是因为其个体虽小，但数量庞大、种类繁多、分布广泛，而且对整个生物界特别是植物有着巨大的影响。

要找这些小不点儿用不着出远门：在我们身边、身上和体内，它们都无所不在；不过要看到它们就不那么容易了：得有一台很好的显微镜和使用显微镜的技巧。我们以一种最小的、研究得最充分的细菌——流感嗜血杆菌[①]为例。它的直径大约是半微米（一微米等于一毫米的千分之一）。如果要把它表示为一个肉眼可见的小点儿，那得用上放大一千倍的比例尺才行，在这个放大倍数下，你的小拇指会有 $60 \sim 70$ 米那么长（相当于 15 层楼的高度）。

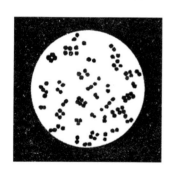

图 10　流感嗜血杆菌（放大 1000 倍）。

要在图上表示巨无霸，我们得把它们缩小到千分之一；而要在图上表示小不点儿，我们得把它们放大 1000 倍，即便如此，画上的小不点儿也只有巨无霸的三百分之一罢了。由此可见，自然状态下二者的大小之比约为 $1 : 300000000$ 亿。

土壤中的细菌

你肯定知道，细菌并不都是有害的，也有很多无害的或有益的细菌，

---

① 人们曾误以为这种细菌会引发流感，事实上流感是由流感病毒引起的。

还有不少细菌特别重要，没了它们人类就几乎活不下去，整个有机的自然界也会陷入灭亡。

瞧，这片麦田已经施了粪肥，前几年里还种过三叶草，收获了大量的种子和干草。粪肥发酵腐烂，让土壤变得松软，还给它补充了营养成分。这些都是细菌的功劳。一切腐烂过程都是细菌的作用。动植物界的巨无霸们死后都会变成这些小不点儿的食物。

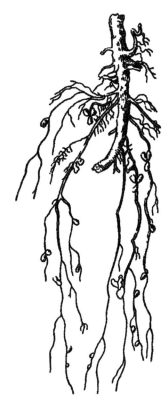

我们自然是看不见细菌的，但土壤里的细菌非常多。在一公顷田地里受到空气吹动的上层土壤中，就含有 400 ～ 500 千克的细菌。至于这里面有多少个细菌，就请你自己数一数吧（每克平均不少于十亿个细菌）。为什么种过三叶草的土地再种小麦就能获得特别好的收成？因为三叶草往土壤里补充了非常宝贵的氮化合物。这同样是细菌的功劳。请你把三叶草的根拔出来看一眼：你会发现上面（与大部分豆科植物的根一样）长着一些像米粒或者豆子样的根瘤，乍一看像是某种病变的构造；其实，这是许许多多的细菌聚集起来形成的团块，它们正不知疲倦地为改良土壤而工作呢。

根瘤菌能从大气中捕捉氮气，并生产出含氮的化合物，让没有根瘤的植物也能吸收。

图 11　豆科植物的根和根瘤。

有理由推测，在地球上的有机生命产生之初，最早的一批有机体就像是今天的根瘤菌，起码在某些方面应是类似的。地球曾是个炽热耀眼的星体；后来它变冷了，盖上了一层坚硬的外壳；这层外壳上出现了有机体并逐渐发展起来。这些有机体的先驱为后来的生命创造了最初的土壤，那么，它们应当具备什么样的性质呢？

图 12　野豌豆块根里的类菌体
（放大 1000 倍）。

图 13　破伤风杆菌
（放大 1000 倍）。

不难理解，它们的构造肯定非常简单，而且还应具备从大气中吸收氮气的能力。

土壤深层的细菌很少；只有所谓的"厌氧菌"才能在那儿找到栖身之处，它们不但不需要新鲜的空气，反而还害怕有空气，那可怕的破伤风杆菌就属于厌氧菌。

硅藻

要知道，微观世界里并不枯燥，丝毫不逊于我们熟悉的这个世界，也存在着令人惊异的奇异之美。现在，我们就从细菌转向组织程度更高的植物。首先来看看单细胞的水藻——硅藻。硅藻比细菌大得多，但依然是小不点儿，要仔细观察得用 100 倍或 200 倍的显微镜才行。千姿百态的硅藻广泛分布在海水和淡水中。它们的形状——确切说是硅质甲壳的形状特别丰富多样，有时竟能给人以梦幻、华丽而独特的奇异美感[1]。要是给不了解

---

[1]　关于硅藻和其他显微镜下才能看见的微型水藻详见下一章《再论小不点儿》。——原注

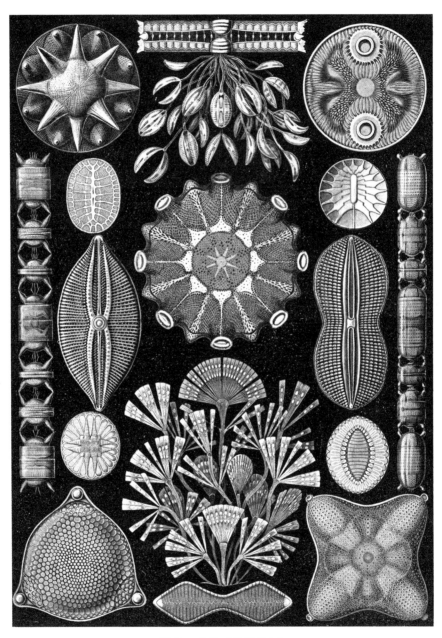

图 14 硅藻（高度放大）。

硅藻的人看看下一页的插图，他大概会困惑不解。这画的是什么呀？是小秤锤、小坠儿、奇形怪状的板子和长着扇形叶子的灌木丛吗？

不，这只是显微镜下的硅藻类世界的冰山一角而已。

在介绍硅藻时，我们当然不能只谈这些小不点多种多样的美丽形状。事实上，生活在各种水体、河流、大海和大洋的上层水域中的硅藻，会形成所谓的"浮游生物"，这是许多大鱼和小鱼苗的食物。学者们研究浮游生物的发育和构造，从而确定最佳的捕鱼地点。

硅藻在地球以往的历史时期中曾非常繁盛，它们那坚硬的甲壳以化石的形态保存了下来，形成了如今的硅质土岩，并被人们用于各种目的（比如制造炸药）。

最小的开花植物

世界上最小的开花植物是什么？在明确回答这个问题之前，我们先回想一下那种十分常见的、特别微小的植物——普通的浮萍（*Lemna minor*），有时能看到它那圆形的小叶子覆满池塘、水洼、沼泽、沟渠等静水的表面。

浮萍可以非常迅速地进行繁殖。它从叶缘生长出新的叶子，新的叶子很快又开始独立生长。浮萍是一种开花植物，但你可曾见过开着花的浮萍？事实上，浮萍开花是非常非常罕见的。

我还记得，很久以前，当我还是个沉迷植物学的小孩儿时，我特别渴望能找到一个开花的浮萍。爸爸还给我讲了个故事：有位著名的植物学家花了好几年去寻找浮萍花，结果却徒劳无功，最后无意间走到一个池塘边，只见里面满是开花的浮萍。这就更激起了我的热情。当时我成功找到了不少稀有的植物，可不管怎么努力，终究还是没能找到开花的浮萍。时光荏苒，我已经是个成年人了，偶尔回想起当年的失败，也还会花几个小时去检查不计其数的浮萍，可仍然一朵顶小的花儿也没找着。我一生中曾看到过两三次浮萍花，但那都是些植物标本。

浮萍花是什么样的呢？它的叶缘长出了一个鳞片状的小瓶儿，里面伸出一根雌蕊和两根雄蕊。这些器官都只有大头针的针尖那么点大。乍看之下，要把它叫作"花"真是有些勉强，可植物学家却认为，这不单是花，而且是有一朵雌花和两朵雄花组成的完整的花序！

世界上最小的开花植物与浮萍很像，但大小只有它的四分之一左右。这种植物叫作芜萍，又称无根萍（Wolffia arrhiza）。芜萍小小的叶子上面平滑，下面凸起。它没有根。花朵和浮萍的花朵类似。我不建议你费心费力地去找它们的花。不过是白费时间罢了！植物学家认为，从温暖的国家引进的芜萍，在欧洲是从来不会开花的。

高山植物

可能在你的眼里，芜萍都算不上"真正"的植物，也谈不上开什么"真正"的花啊！那我们再来看几种"小"植物，尽管它们的体型要比浮萍大一点，但依然配得上"小不点儿"的称号。

有许多形态各异、花朵美丽的矮小植物可以在所谓的"高山植物群"中找到：它们分布在高加索、中亚、西伯利亚的高山、西欧的阿尔卑斯山等。这些植物适应了雪线附近的生活方式，能在突破冰雪的极短时间内完成开花和结果。它们的叶子靠近根部，呈烛台状生长，茎干非常短小，只开很少的几朵大大的花，一般是开在地面上方 2～3 厘米；有的高山植物只能开出一朵花。图 18 画的是一种高山龙胆（Gentiana algida），又称苦草①。它那亮蓝色的花朵比茎干长得多，看上去就像是直接从地里长出来的。图 19 画的是真实大小的山地蒲公英。它的花朵只比地面高出 2 厘米。

还有一种生活在高山地区和寒冷苔原的矮柳，因为有多年生的木质茎干，

---

① 这里是按照俄语构词法（горечка "龙胆" 与 горечь "苦" 同根）意译的，汉语中没有类似的叫法。

图 15　高山龙胆。

图 16　图像的 a 部分显示了常见的形式，生长在低海拔平原地区。图像的 b 部分是高山形态。

图 17 矮柳（*Salix herbacea*）。

它已经算是木本植物了。但不管怎么看，这种茎干沿着地面蔓生、树枝和柔荑花序① 只比地面高出 5 厘米的植物都配不上"树"或"灌木丛"的称呼！

在现今的时代，这种矮柳只有在极地和高山才能见到；而在所谓的冰期，极地的冰层朝着赤道的方向推进了很远的距离，矮柳也随着冰块一起移了过去。还有一种更叫人惊讶的植物是生长在极地苔原和高山苔原的微型白桦矮桦树（*Betula nana*）。北冰洋沿岸的居民常在当地的"白桦林"里采蘑菇，而这些蘑菇⋯⋯可比矮桦树本身还要高呢②。人们在泥炭沼泽的不同深度找到了这些矮柳和矮桦树的残骸，而它们本身早在很久前就死亡了。除了大块的残骸外，泥炭里还保存了许多种不同的柳树的花粉。不久之前，人们对各国泥炭沼泽不同深度的木本植物花粉进行了细致的研究。学者们长期不懈的努力终于取得了成果；他们解决了不少关于柳树在不同时期的分布的问题，还重新确定了冰层移动史中的一些新的细节。

中国盆景

矮柳和矮桦树确实很有意思，但怎么都说不上好看吧。要是想在微型树木中寻找美的话，你最好去看看亚洲的各种盆栽树。即便是不喜欢园艺的人，也不得不惊叹于这些枝繁叶茂的小树的独特美感；它们种在花盆里可能已经有 60 年、80 年乃至 100 年了，其间不断接受园丁的修剪，就这样保持着 30 ～ 40 厘米的高度。

---

① 花序的一种形态，由极多微小的花朵组成，形如下垂的麦穗，常见于柳树和杨树。
② 有趣的是，在乌拉尔山靠近极地的某些村子里，这种蘑菇被叫作"高过白桦的蘑菇"。这个叫法当然是完全符合实际的。——原注

第三章　再论小不点儿

——

"啊，伏尔加河！……我的摇篮！

有谁像我这样爱过你！"

——H. A. 涅克拉索夫 ①

———

① 尼古拉·阿列克谢耶维奇·涅克拉索夫（1821～1877），俄罗斯著名诗人，作品以反映民生疾苦著称。引文出自他的长诗《伏尔加河上》（1860，丁鲁译）。

伏尔加河在开花

年轻的读者朋友，你可曾听说过"伏尔加河开花"的事？这问题是否让你觉得好生古怪，乃至荒谬不堪？想想伏尔加河那碧蓝宽广的河面、那气势磅礴的波浪、那绿意盎然的两岸和天鹅绒般顺滑的沙滩，想想它挟着万钧波涛直奔远方的里海的场景，而要想象这水上开花的样子，恐怕得有超乎寻常的幻想和胆量才行哩。想象一下寂静的夏夜，你乘着一只再普通不过的小船，在静静流淌的伏尔加河上泛舟。尖尖的船头破开水面，激起的水花在这样的夜里显得格外响亮，谱成了一曲独特的乐章，这是每个土生土长的伏尔加人自小听惯的音乐，他们对此该是多么熟悉呀！……莫非伏尔加那清澈平静的河面还能开出花来？莫非你沉入水面的船桨还能碰到开花的河水？真有这种事？没错，年轻的读者朋友，事实还真是如此！当然，这不是说平静的河面下长着水草，或在我们看不到的水下有浮萍、白色的睡莲和绿色的眼子菜——这些植物在本章中根本不会提到；可就在这流动的河水里，却有个独一无二的微型王国，其成员都是极其微小的植物，只有靠显微镜才能看到它们。

如今，显微镜已经进入了每个实验室，成为每个生物学家和每所中小学校必备的工具。最简单的学校用显微镜也能在我们面前打开一个全新的世界；这是肉眼看不见的"敌人与朋友"的世界，它们大量广泛地生活在大洋和大海里、湖泊和河流里、空气和土壤里，有时还群聚在冰川和浮冰上，在荒芜的峭壁和灼热的泉水里……年轻的朋友，我现在就给你讲讲伏尔加河水里的小居民吧。

要捕捞那些在水层里随波逐流、无所固着的微型植物（上一章说过，这些植物与同样微小的动物合称"浮游生物"），就得动用一些特殊的网子才行。

浮游生物网通常是锥形的，用制作面粉筛子的丝线制成。这种网子由一个直径不超过 25 厘米的黄铜金属环组成，环上固定着缝成锥形的面粉筛子。网子的底部连着一个装药膏的罐子，罐子开口的边缘有一个收束带。然后修剪一下筛子的底部，把开口弄成小玻璃杯的杯口大小，再把网子连接到罐口上。

在金属环下方的网子上开三个彼此等距的小口，每个小口各穿过一条短短的细绳，把三条细绳拉到开口的中央位置结在一点上。那里有一个连着"缆绳"的"笼头"，细绳便是靠着它结在一起的。

我们便是靠着这个网子，过滤了大量伏尔加河水，在伏尔加河上捕捞到了许多浮游生物，然后在显微镜下观察这些猎物，有机会时还满怀兴趣地对它们进行研究。一幅精美绝伦的画面展现在我们眼前！

在显微镜明亮的"视野"中，四散游动着许许多多微小的浮游动物，还遍布着数不胜数的微型植物——水藻，最常见的是棕黄色，也有透明无色的，少数带着浅绿或天蓝的色彩。

在这些肉眼看不到的、生活在"开花的伏尔加河"的居民中，排第一位的自然是我们早已熟知的硅藻。它们一年到头都在伏尔加河的水中称王称霸，特别是夏天和秋天，有几种硅藻的发育异常繁盛，河里成了硅藻的天下。浮游型的硅藻只会在广阔的水体中成群成片地漂流，其中有时也会混入一些底栖型的硅藻。这些硅藻一般是附在河底或是岸边被水没过的物体上，但有时也会从附着物上脱落下来，顺着水流漂向四面八方，与浮游生物混在一起，就这样也变成了"无家可归的流浪者"，永远漫游在奔腾的河水中了。

这种或独居或群居的单细胞植物——硅藻，有着令人啧啧称奇的独特构造。硅藻的大小实在是微不足道，其中最大的也就勉强能达到 $400 \sim 500$ 微米长，而 1 微米只有 1 毫米的千分之一；换句话说，最大的硅藻顶多半毫米长。一张普通的邮票可以容下约 5000 个最大的硅藻，一张普通的明信片能容下大约 150000 个以上。

可这些大硅藻已经算得上是"小不点儿"的世界里的"巨无霸"了！

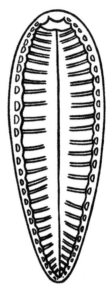

图 18　直链藻（高度放大）。　　　　图 19　双菱藻（高度放大）。

我们的淡水硅藻通常还要比这小得多，长 130 ～ 150 微米：以羽纹藻为例，它们长 50 ～ 140 微米，宽仅 7 ～ 13 微米；伏尔加河中常见的直链藻也是如此，它们的长度只有 20 ～ 25 微米，有时甚至还不到。一张邮票上可以容下大约 175000 个羽纹藻，或者约 2000000 个最大的直链藻；那么，一张明信片或课本的一页纸上该能容下多少个这样的"小不点儿"呢？请你自己算算，结果肯定是个超乎想象的"天文数字"！

在伏尔加河的浮游生物中，个头最大的非双菱藻莫属，但它们也不过 350 ～ 400 微米长，125 ～ 150 微米宽罢了；在"开花"的伏尔加河水中，相比于剩下的微型居民，这已经算得上是货真价实的"巨无霸"了，可就连这"巨无霸"也能在一张邮票上放约 6000 个左右。

不用多说，这些水藻的重量自然也是微不足道的，但它们在水中大量繁衍，数量庞大。我们还没准确统计过伏尔加河水样里的硅藻数量，但科学家们已经取得了这些数据。在 6 月和 7 月，淡水水体每升水中的硅藻可达 2 亿个，合起来有 70 多克重。9 月和 10 月的硅藻也相当繁盛，每升水中有 1 亿多个。

有趣的是，在夏天的河水中和秋天的河水中，数量最多的硅藻完全是两个样儿；举例来说，在春潮退去后的淡水中，发展得最兴旺的是美丽的星形硅藻——矽藻的群落，在某些水样中可达每升水约 1.34 亿个，而这些水样里的平板藻也多达每升水约 6200 万个。

然而在研究秋天的浮游生物时，我们看到的情况就完全不同了：在 10 月和 11 月，矽藻和平板藻已经退居二线，水样里也难得一见，而线形的直链藻群落却大量生长，足足能长到每升水约 1 亿个。

在高尔基市①附近的伏尔加河中，矽藻是夏天的典型藻类，直链藻是秋天的典型藻类，就算是把夏天的浮游生物叫作"矽藻生物"、秋天的叫作"直链藻生物"也没什么问题。

图 20　矽藻（高度放大）。

图 21　平板藻（高度放大）。

① 今名下诺夫哥罗德，俄罗斯伏尔加河下游城市。

如果我们把各种各样的绿藻和蓝绿藻，以及红褐色的甲藻也算作是"开花"的伏尔加河水中的浮游生物，那么河里的微型植物就更加多姿多彩了，这群居民不仅数量极为庞大，其重量也相当可观。

澄净的伏尔加河水中"盛开"着数以百万计的肉眼看不到的微型植物；它们相互轮替，旧的"凋谢"了，新的便"怒放"起来……这跟我们在林子里、草地上和田野中看到的情景何其相似啊。想必许多读者都很了解肺草、黄花九轮草、铃兰、勿忘我、雏菊和母菊等野花，知道要在什么时候去什么地方采集它们的花朵。而"开花的伏尔加河"里也是如此：6月有很多矽藻和蓝绿藻，秋天是直链藻和矽藻的季节，冬天则有直链藻，诸如此类。区别仅仅在于：树林、草地和田野到了冬天都会陷于沉寂，找不到什么大型的开花植物；而伏尔加河一年到头都在"开花"，所有水样中都能找到特别丰富多样的植物活体，哪怕是从冰层下取到的也不例外。

你可能要说了：硅藻是那么微不足道，而蓝绿藻还要更小，它们又怎能和森林、田野里那些美妙的植物相比呢？瞧那大束的铃兰花是多么精致、多么美丽，而那雏菊和母菊（洋甘菊）编成的花环又多么叫人喜爱！

那看不见的小硅藻和它的同伴——绿藻和蓝绿藻，又何德何能与这样色彩斑斓、千姿百态的花草相提并论呢？然而在微型植物的世界里，显微镜为我们展现了许多极为惊人、极有意义的事情，而这方面首先要提到的就是硅藻。

硅藻是一种单细胞植物，它的身体仅由一个细胞构成。请你用高倍显微镜仔细看看最寻常的羽纹藻，首先便可以注意到，活的羽纹藻整个儿都带着一种棕黄色，因为它的细胞里除了绿色素外还有一种特殊的黄色物质——硅藻素。当硅藻细胞死亡的时候，硅藻素很容易从它的体内渗入水中，死去的硅藻便呈现出绿色。

因此，当我们在显微镜下观察硅藻的时候，除了棕黄色的个体之外，还常常能看到一些绿色或略带绿色的细胞。

活硅藻的细胞整体是灰色的，但这灰色的背景上也能看见一些闪亮的黄色颗粒——那是在硅藻的营养作用下产生的脂肪。我们知道，绿色植物生命活动的产物是淀粉，而硅藻以及其他许多浮游藻类并不产生淀粉，而是产生脂肪。这个特点对于许多小型浮游植物而言都非常重要：淀粉比水重（沉在水里），而脂肪比水轻（浮在水面），因此硅藻细胞里形成的脂肪大大降低了硅藻的重量，使它变得更加轻盈。这样的细胞更容易被水流带走，它不会在水里沉浸很长时间，也不会在水底积聚堆叠……

不过，硅藻身上最引人注目的自然是其细胞外壳的硅质构造。首先，它的整个外壳都含有大量的二氧化硅，难怪人们把它叫作"硅藻"呢。由于二氧化硅的大量堆叠，硅藻的外壳变得既坚硬又密实，成了名副其实的甲壳或盔甲。你可别以为这些小不点儿的盔甲很脆弱、很不牢靠——事实绝非如此。

你可曾听说过"硅藻土"（又称"矿物面粉"）这种东西？也有人把它叫作"抛光页岩"，因为如果把这种呈细页状的、泥土般的、黄黄的矿物磨碎，便能制成抛光用的打磨粉，也可以用作隔热材料或生产炸药时的黏合剂。而这种硅藻土几乎全是由死硅藻完好保存下来的甲壳所组成的。

硅藻土在自然界中的状况是很有启发意义的。这种矿物在不少地方都有大面积分布，且往往形成丰富的矿物层。可以断定，在硅藻土丰富的地方，很久很久以前（距今 2000 万～ 3000 万年前）曾是汪洋大海，那里的浮游生物里有许多群聚的海生硅藻。而在今天的海洋中，硅藻也多种多样且数量繁多：它们快速繁殖、死亡、褪色、分解，但坚硬的甲壳却保留了下来，沉到海底形成了由硅质外壳组成的厚层。

这就是远古海洋里的情景，海洋后来变成浅滩，最后完全干涸了，原先沉在海底的东西便暴露到了光天化日之下。干涸的海底和硅藻甲壳层在地质作用下变成了山地，如今我们只要轻松地穿过从前的海底，踏着曾几何时在海里兴旺发达的硅藻的残骸，便能在高山和丘陵上找到硅藻土。

先在海底、后在山上待了数百万年的甲壳，形状和图案竟没有丝毫改变，这是不是非常神奇呢？请你试试用手指把硅藻土磨成粉：看看这些粉

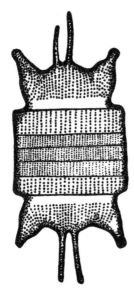

图 22 矿物化的硅藻（高度放大）。

末，你会发现自己根本伤不到硅藻的甲壳。不错，它们就是这么结实、坚硬，就算在大块矿物的压力下也不会改变分毫！你要知道，硅藻的整个细胞也不过半毫米大小，而它们的结实和坚固却是多么惊人。为肉眼都看不到的活体造一个坚硬的甲壳，且造得那么多彩、那么精细，大自然岂不是完美解决了这个任务吗？换作是人类最精密的现代技术又是否能胜任呢？这可就不好说了。

然而，硅藻的神奇之处还不限于这结实坚硬的甲壳。这座"建筑"（如果可以把它叫作建筑的话）中还蕴含着复杂得多的"大自然的鬼斧神工"。

原来啊，每个硅藻的甲壳都是由两小扇壳儿组成的：其中一个比另一个稍大一点，像盒盖一样盖在它上面。两个壳儿的活动边缘只有一点点重叠，这个重叠部分形成了狭窄的带状，叫作"环带"。这也就是为什么硅藻土的样子总是各不相同，从壳儿的角度看不一样，转个 90° 从环带的角度看也不一样。

这一点检验起来也很容易：请你注意观察显微镜下的硅藻；保持标本

本身不动，小心地轻敲盖在标本上的玻璃片，你立刻会发现有些硅藻完全变了个样。原因在于你最开始看到的是硅藻的壳儿，后来它们在轻微的震动下转了 90°，于是你就看到了它们的环带或背面。

这样看来，硅藻的甲壳不仅是一副结实的盔甲，也是一个精巧的微型盒子，上面还有个盖得紧紧的小盖儿；这盒子有圆形的，有椭圆形的，有三角形的，有方形的，有像小船儿的，还有像小棍儿的，不一而足。

最后，硅藻甲壳的构造中最神奇的地方还要数那上面的图案。硅藻壳上总是密布着极其细小的图案，由形态各异的凸起、尖端、小棍和小丘组成，且图案的分布总是那么规则、那么对称，所有线条的几何形状都那么精确，难怪人们常用硅藻壳（而不是其他材料）来检查显微镜的光学性能呢。这些硅质甲壳的标本总被放在最好的显微镜下观察，而就连倍数最高的显微镜也从未发现这些神奇"建筑"的图案和

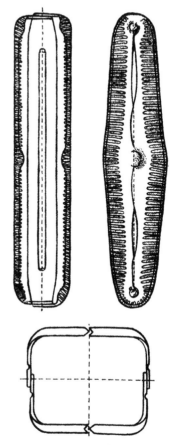

图 23　羽纹藻。左上是从环带看的样子，右上是从壳儿看的样子，下方是横截面的样子（高度放大）。

结构上有哪怕一丁点儿细小的缺陷，创造出它们的伟大的"建筑师"便是大自然。

请看看伏尔加河里的硅藻的图案吧：有些甲壳上的图案实在是太好看、太精细、太巧妙了，不能不叫人啧啧称奇。

图 23 便是伏尔加河里浮游生物中最常见的矽藻；这其实是由若干个体组成的一整个群落——星星的放射线有几条，杆状的矽藻个体就有几个，

而这整个群落的直径也很少能超过 200～250 微米。

请你想象一下小巧的女式手表里最小的摆轮：这类摆轮中最小的只有一毫米的直径——不用放大镜可没法看清楚！但你要知道，钟表里最精细的组件也要比最大的矽藻大上 4～5 倍呢；很明显，不管是手艺多么高超的钟表师傅，都做不出跟矽藻一样大的金属摆轮。

然而，矽藻还有更神奇的性质呢：当它们聚成群落生活的时候，它们的射线之间仿佛有纤细的黏液线相连，使得整个群落看上去就像个雨伞或降落伞。这真是个如假包换的降落伞，它慢悠悠地沿着水流漂动，不仅不会沉下去，倒真能在水里"飞翔"哩……

瞧，这就是巨大的双菱藻：看它壳儿上的图案是多么丰富，上面装点着多少细小的凸起、沟壑、小丘和奇妙的花边；这个是小小的硅藻（图 27）；这些是舟形藻、双眉藻、斜纹藻和桥弯藻（图 28～图 31）；所有的藻类都是那么美丽、那么精巧，叫一切雕刻师和画家都对大自然的构思和技巧羡慕不已……

说到硅藻壳上精细的装饰，我便想提一下 H. C. 列斯科夫的短篇小说《左撇子》[1]。作者讲述了俄国一位武器师傅在与英国师傅的竞赛中，给一只极小的发条跳蚤钉上了马蹄铁。

这只神奇的跳蚤上了发条便能跳动，是英国人专为亚历山大一世皇帝[2]准备的礼物；当皇帝参观伦敦的珍奇馆时，这只跳蚤被献给皇帝，好让俄国人见识见识英国的高超技术。当英国人把这精巧的小玩具献给皇帝时，尽管是放在大金盘上，皇帝和随从武官也费了好大功夫才把它看清楚：它实在是太小了！

这下俄国人的自尊被刺伤啦，于是武器师傅决定向皇帝表现一下，自己的手艺可比"英国佬"强多了：他们抓住发条跳蚤，给它的爪子"钉

---

[1] 尼古拉·谢苗诺维奇·列斯科夫（1831～1895），俄罗斯作家。短篇小说《左撇子》是他的代表作。

[2] 俄罗斯帝国皇帝（1801～1825 年在位）。

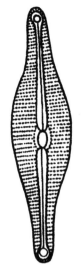

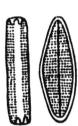

图 24　硅藻
（高度放大）。

图 25　舟形藻
（高度放大）。

图 26　双眉藻
（高度放大）。

图 27　斜纹藻
（高度放大）。

图 28　桥弯藻
（高度放大）。

上了马蹄铁"。不仅如此，还在每个马蹄铁上刻上了师傅的姓氏；后来人们问其中一位师傅——也就是"左撇子"，为什么到处都找不到他的名字，他说：

"俺……打的是钉蹄铁的钉子，那儿管他什么'看小镜'[①]都看不到哩。"

武器师傅的传奇技术确实是够厉害了，可硅藻壳上复杂而微小的图案是那么精细，那么规整，叫武器师傅的手艺都黯然失色了！

请你再回忆下那位杰出的皇家裁缝，俄罗斯伟大的作曲家 M. П. 穆索尔斯基在杰作《跳蚤之歌》中讲了他的故事[②]，让他的手艺变得家喻户晓。在疯王稀奇古怪的要求下，这位裁缝给跳蚤缝了条裤子，上面还镶满了黄金和紫红色的织物……

这位传奇裁缝的手艺显然也非常出色，但大自然为肉眼都看不见的硅藻做出了那么华美、那么精细的"衣裳"，裁缝的技巧也根本不能相提并论了！

显微镜让我们看到了多么精巧、多么完美的硅藻构造啊！

年轻的读者朋友，如今你大概会同意我的看法了：在观察伏尔加河的微型浮游生物时，我们看到了非凡的华丽景象，见识到艺术般的精密结构，还目睹了如今人类的技术和艺术都难以匹敌的绝妙之美，丝毫不逊色于观赏那些巨大的开花植物！

我们在硅藻上多花了点时间，因为它们是伏尔加河的浮游生物中最典型的居民，自然也是"开花"的河水中最有趣、最独特的代表了。光是硅藻就足以让人明白，在这个小不点儿的植物世界中究竟能观察到多少有趣又有意义的现象，显微镜能为我们展现多少神奇的图景……

其实除了硅藻之外，伏尔加河的浮游生物中也常有微型居民的其他代

---

① 即显微镜（原文用了个俗语词）。——原注

② 莫杰斯特·彼得洛维奇·穆索尔斯基（1839～1881），俄罗斯著名作曲家，"强力集团"成员之一。《跳蚤之歌》（1879）是他创作的一部讽刺歌曲。

表。这里有亮绿色的，有灰褐色的，还有极其微小、带点儿蓝色的植物；它们是多么丰富、精巧而引人入胜啊！其中最鲜艳、最独特的无疑是绿藻了。

瞧，这就是有趣的空球藻和实球藻的群落，从春到秋，几乎所有浮游生物的水样中都能少量采集到这两种藻类，春汛过后更能找到许多。它们非常微小，要是显微镜放大的倍数不够，没经验的观察者就很容易把它们看漏；在高倍显微镜下可以看到，这些群落非常精巧美丽。

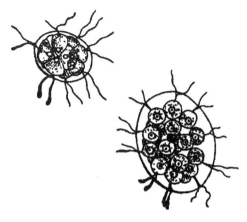

图 29　群生的藻类：下面是空球藻，上面是实球藻（高度放大）。

一团团透明无色的黏液球在水中漂流旋转，每个球由 16 或 32 个闪亮的绿色细胞组成，每个细胞都长着两条细细的鞭毛。试着看清这些鞭毛，你就会发现它们穿过黏液质并伸入水中，鞭毛的旋转保证了整个群落的运动。

当它们意外碰到障碍物时，整个群落便会停下来，这时的鞭毛看得特别清楚；还可以更仔细地观察整个群落。空球藻和实球藻就像一个个独特的"孔明灯"，里面燃着绿色的"灯火"，它们在水里漂游着，旋转着，周围是不计其数的硅藻以及各种水生微生物的群落。

在个别水样里，偶尔可见一些大型的单细胞绿藻，比如新月藻和凹顶鼓藻。它们在浮游生物的小不点儿中可算是真正的巨无霸了；特别好看的

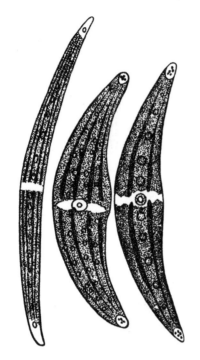

图 30　新月藻（高度放大）。　　图 31　凹顶鼓藻（高度放大）。

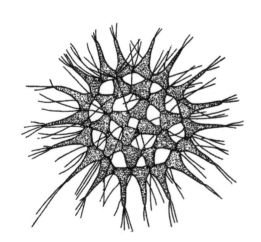

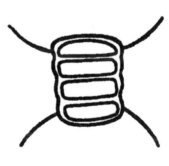

图 32　盘星藻（高度放大）。　　图 33　栅列藻（高度放大）。

是宛如一弯浅绿色月牙的新月藻，有的高度弯曲，也有的呈几近笔直的纺锤状；其中有些新月藻的大小几乎要超出显微镜的"视野"。

新月藻和凹顶鼓藻在伏尔加河的浮游生物中相当少见；它们通常更偏爱泥炭沼泽，因此在伏尔加河的清流中，它们只是被某条支流或小溪冲来的偶然过客……但这些大型细胞鲜明的色彩、精美的图案以及巧妙的对称结构，无疑都让它们在伏尔加河的浮游生物中脱颖而出。

其余的绿藻都非常微小，且群聚而生。其中一类细小但非常美丽的，是各种星形的盘星藻，它们像一个个独特的"玩具轮子"在水流中漂荡；还有更小的栅列藻，其群落由 4 ~ 8 个细胞（偶尔更多）组成，通常排成一列，样子就像一排小包裹或 4 ~ 8 扇门组成的屏风。

伏尔加河的浮游生物中还能见到许多其他的绿藻；这些伏尔加居民彼此间也是千差万别：有小不点儿中的巨无霸，有单细胞的，也有群落的；有精美的星形群落，有不成形的或球形的黏液团，里面是浅绿色的小液滴，也有大大的新月，有边缘崎岖不平的古怪椭圆形……这真是"自然造化的万千奇观"啊！[1]

这里再提一下灰褐色和浅蓝色的浮游生物。包膜水藻中有一种非常罕见的角藻[2]，它无疑是浮游植物中最独特的成员之一。它的颜色就像硅藻，而从形状和外壳的结构上看，这是一种绝不逊色于硅藻的有趣生物。

角藻的外壳由 10 ~ 11 块形态各异的碎片组成：有多边形的，有狭长的，也有两侧都带有又长又尖的凸起的……当角藻在水流中漂游和"翱翔"时，它真的像是一只飞行中的小燕子，两侧平展着一双美丽的翅膀；难怪这种水藻的拉丁学名叫作 *Ceratium hirundinella*，翻译过来就是"飞燕角藻"。[3]

有趣的是，角藻的这两个角状"飞燕形"凸起在春天、夏天和秋天的长

---

① 出自俄罗斯寓言作家克雷洛夫（1769 ~ 1844）的《好奇的人》。
② 但湖泊浮游生物中有很多角藻。——原注
③ Hirundo（拉丁语）是"燕子"的意思。——原注

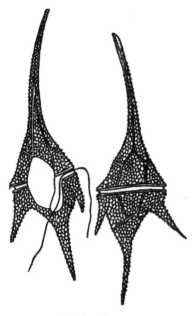

图 34　飞燕角藻（高度放大）。

度都有所不同：春天和秋天相对较短，夏天则更长。原因显然是这样的：在清凉且较重的春水或秋水中，短凸起也足够它们游动了；而在温暖且较轻的夏水中，必须有较大的阻抗面和摩擦力才能游起来，不至于沉到水底——由此才产生了夏天里的长角角藻……

角藻的外壳碎片中富含碳酸盐，这一点与硅藻有些相似，但硅藻含有的物质是二氧化硅，这使得它的外壳异常坚固，而碳酸盐形成的包膜很脆弱也不耐久，因为这种盐很容易被水溶解。

最后，那极小的蓝绿藻和蓝藻也是非常有趣的，但它们小到只有用高倍显微镜才能看清。它们的特征是天蓝色的外壳，夏秋季有时会在伏尔加河水中成群生长，合起来形成大片的群落。

但我们暂且先打住吧，这场对伏尔加河水"开花"的介绍已经太长啦，让我们先放下显微镜和浮游生物网吧！总之，在那透明的伏尔加河水中，呈现出的便是这样一幅复杂而又精美的画面。但你可能要责备我了，为什么要选这么个枯燥无聊的话题来讲……你一定会问，这些肉眼看不见的浮游生物究竟有什么意义呢？像什么星形的矽藻或盘星藻，什么直链藻或硅藻，什么舟形藻或斜纹藻，什么空球藻或实球藻，它们对水体、对伏尔加河有什么价值呢？它们论个头微不足道，论重量就更不用说了！……对专业的植物学家来说，它们或许还有点意思；如果是画家，可能也会被其硅质外壳的精美外形和细腻图案震惊——但总的来说，它们在自然界中似乎只是些"小玩意儿"，我们真的有必要花时间去了解它们吗？

现在我们稍微离下题，换个角度看看伏尔加河的浮游生物吧。你们中大概有人曾不止一次手持鱼竿，坐在岸边或乘着木筏和小船，注视着随波起伏的鱼漂，耐心地等着鱼儿上钩吧？也许还曾在船边放下"鱼绳"，然后激动地从上面取下咬钩的鱼儿吧？

酷爱钓鱼的人自然都知道，钓鱼能给人带来多少幸福的时光，特别是迎着朝霞或晚霞，或者是雨过天晴去钓鱼的时候……在一个夏夜里，来到远离城市喧嚣的伏尔加河岸边，抛下鱼饵从河里钓起鲈鱼，再升起一堆篝火，用烧黑的锅子熬一锅新鲜的鱼汤，这该是多么愉快而又难忘的经历呀！对于真正热爱大自然的人，这样的鱼汤胜过一切山珍海味！

肥美的鲈鱼用来煮汤自然是再好不过了，伏尔加河的小鲟鱼也能做出上等的鱼汤，哪怕是最寻常的阿斯特拉罕鲤鱼想必也不会有人拒绝……

而你可曾想过，我们吃的鱼在湖里和河里又吃些什么呢？不错，凡是在水族箱里养过金鱼或其他小鱼的人，都知道用水蚤或剑水蚤之类的小动物来喂鱼是挺不错的。

而动物学专家仔细研究了这个问题，便发现了这样的情况：举例来说，有种小鱼叫花鳅，它的小肠里通常满是小型的甲壳动物，夏天的欧白鱼的小肠中发现了许多水蚤、剑水藻以及其他的浮游甲壳类，冬天则有大量的浮游藻类——直链藻；有人在解剖欧白鲑的小肠时发现了大约 50000 个浮游甲壳类生物，而且这些小鱼儿显然很擅长捕捉浮游生物；还是这种欧白鲑，另一次解剖发现其小肠里光是浮游甲壳类就有约 3000 个，相比之下，人们在湖里拉了一张长达 500 米的捕捞浮游生物网，却只捞起了几个这样的甲壳动物。

这些小鱼儿本身又会成为大鱼或水鸟的猎物，但以浮游生物为食的还不仅仅是它们……就连鳊鱼和圆腹雅罗鱼、鲤鱼和鲈鱼等许许多多的大鱼，在它们出生的头一年里还是小鱼儿时，吃不了大块的食物，此时它们需要的正是浮游生物；3 厘米长的鳊鱼鱼苗的小肠中发现了各种各样的浮游甲壳动物，圆腹雅罗鱼的小肠中有浮游甲壳动物和蓝绿藻，鲤鱼的小肠中有轮虫、甲壳动物和浮游藻类。

鱼类的食物状况便是如此：对某些鱼类（如欧白鱼）而言，浮游动物和浮游植物几乎是唯一的食物来源，而差不多所有鱼类的鱼苗都要摄食大量的浮游生物。

不过，浮游生物的意义还远远不限于此。你肯定曾注意到，鱼类的食物主要还是微小的浮游动物，只有少数时候才吃硅藻、多甲藻或蓝绿藻。然而，这些微型的浮游甲壳类和水塘里其他的无脊椎动物就只吃浮游的藻类，以及死去的微型植物沉在水底形成的残骸了。

要是河里或湖里没有了硅藻和多甲藻、绿藻和蓝绿藻，那么不管是什么桡足动物、枝角动物、水蚤和剑水蚤，还是轮虫和生活在水底的蠕虫，大概就都没有东西可吃了。

而要是水塘里没有了这些小动物，也就不会有各种贝类，鱼苗和欧白鱼也没有东西可吃——换句话说，河里和湖里的鱼类都会绝迹，我们也就再也不能坐在岸边钓鱼了，也不会有人在冰下捕鱼，伏尔加河的渔夫撒下巨大的渔网也不会捞起大量的鱼虾了……

到了那时，凶猛的狗鱼也得饿死，以鱼为食的海鸥和燕鸥、鱼鹰和秋沙鸭、白鹭和麻鸭也将走投无路……此外，一些与水塘息息相关的哺乳动物（水獭、麝鼠和水貂），没了鱼日子也是很难熬的……

而我们也就喝不到鲟鱼和鲈鱼做的鱼汤，吃不到美味的鲱鱼和鳊鱼了……

水塘、河流或湖泊里的居民形成了一种独特的依赖关系：要是你从这始于浮游生物、止于高等动物和人类的奇妙的"食物链"中取出任何一环，水塘的生态便会遭到破坏，其渔业价值也将不复存在。

年轻的读者朋友，这就是浮游生物对于河流和湖泊的意义，就是自然界中这些看似"微不足道"的小玩意儿，仔细研究下来却有着如此重大的意义！话说回伏尔加河里的浮游生物，最重要的恰恰就是浮游植物而不是浮游动物。伏尔加河静静地流淌，使得河里的浮游生物形成了植物明显多于动物的特点，而长着精美外壳的硅藻在其中又独占鳌头。也正是由于这个缘故，我们前面谈到的浮游植物也就成了河里最重要的食物资源，是河中居民的"食物链"开始的地方……

是时候结束这场关于"伏尔加河开花"的、有点冗长而又有点无聊的漫谈了。不过，如果你能从我的讲述中了解到，看似有点"琐碎"的小问题竟能关联到许多有意思的大问题，如果我的讲述能让年轻的自然爱好者开始自觉关注身边的湖泊和池塘、河流和小溪，那么这场专讲"伏尔加河开花"的漫谈也就不会白费了……

第四章　森林里的迎春者

"那是在早春时节！"

——A. K. 托尔斯泰①

---

① 阿列克谢·康斯坦丁诺维奇·托尔斯泰（1817～1875），俄罗斯诗人、作家。
引文出自他的同名抒情诗。

童年回忆里的故事

我本可以给这个小故事取个更叫人好奇的标题，让读者猜猜讲的是什么事情："我是怎么差点毒死叶甫盖尼·奥涅金的。"

那是在我青春年华里的某一年的早春，或许也是最后一个明媚而幸福的春天了，因为当时"考试"这个词儿我还只是听别人说说而已。在那之后就是一个个漫长无聊的春天了，要么是别人考我，要么是我考别人。不管是谁考谁，都让春日的光芒黯然失色，也害得我接触不到春天里柔嫩的花儿了。而在那个如今仍记忆犹新的春天里，有一件事情印象尤其深刻，那就是我的哥哥们要在莫斯科的中学待到6月，准备参加一些可怕的考试，而考试前我父亲抽了两三天空从莫斯科回来，到乡下呼吸新鲜的空气，寻找春天最早开放的鲜花。

哥哥们不在我很无聊；但我有一个顶顶要好的同伴。他只比我大一点儿，但比我强壮、聪明，各方面的经验也远比我多得多；所以他不仅是我的朋友，还是我的老师和保护人。我们的关系好得不能再好了；我叫他"叶甫盖什卡"，而他叫我"桑卡"①。我们家的长辈都很喜欢这个能干的农家孩子，给他起了个外号叫"叶甫盖尼·奥涅金"。他真正的姓氏其实是"捷列金"，但这听起来和普希金笔下主人公的姓氏也颇有几分相似②。

我和叶甫盖什卡刚完成了一个让我们非常着迷的重要任务：从邻居家澡堂的炉道里掏出了一个白嘴鸦巢。白嘴鸦夫妇很不开心，还大声抗议，可它们不明白我们不仅是保护了澡堂，还让它们的后代免于被烧死的惨剧。只要想做，这对夫妇就还有时间在树上重新做个窝——我们从炉道里掏出了一大堆针叶，只找到了4枚鸟蛋。由此可见，这对白嘴鸦才刚刚开始

---

① "叶甫盖什卡"是"叶甫盖尼"的爱称，"桑卡"是"亚历山大"的爱称。

② 诗体长篇小说《叶甫盖尼·奥涅金》是普希金的代表作之一，其主人公的姓氏"奥涅金"（Онегин）和"捷列金"（Телегин）在俄语中发音很接近。

筑巢，因为白嘴鸦一般会下差不多 20
个蛋。

　　其中有三个蛋和普通的蛋一样，蓝
绿色的蛋壳上点缀着棕色的小点儿，但
第四个蛋的颜色非常有趣：淡蓝色的蛋
壳上只有五六个大大的棕色斑点，特别
像一个画着蓝色海洋和深色陆地的小地
球仪。其中两个斑点有点像分离的南北

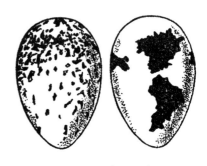

图 35　白嘴鸦的蛋。

美大陆。后来，这个鸟蛋被我哥哥纳入收藏，在他的藏品中占有了相当重
要的位置。

　　我们带着这些有趣的战利品回了家，不料就在门口碰上了父亲，他肩
上背着个绿色的植物收藏箱正要出门。

　　"您去哪儿？"我问。

　　"想去祖耶沃，到林子里走走。"

　　"能带我和叶甫盖什卡一起吗？"

　　"当然啦，走吧。要是你陷在路上了，叶甫盖尼·奥涅金还能把你拉
出来。"

　　的确，只要碰到个低洼的地方就很容易陷进去。道路全"化开"了；
哪怕是在草地上走，双脚都会陷入潮湿的烂泥；最好是沿着雪地走动，因
为当时还有相当多的积雪保持着原状。我走得很费劲，但清风吹拂着出汗
的脸庞，叫人心旷神怡，还在耳边发出欢乐的沙沙声，与第一批云雀不太
高明的歌声交织在一起，让我把疲劳都抛到了脑后。

　　我们来到了树林附近；林子还光秃秃的，一片榛树和年轻的山杨树下
有块林间空地，地上盖着一层厚厚的积雪。

　　"这种时候找得到什么花吗？"我问父亲。

　　"那儿，再走远点，说不定能找到有趣的……这儿呢……怎么？你没看
到榛树在开花吗？"

"看到了。上面好多穗儿。"

"穗儿是穗儿，榛子是另一种花结出来的，你知道吗？"

"不知道。可不就是穗儿结的吗？"

"唉，你可真懂！过来！"

父亲走到榛树跟前，折下了几根枝条。

"你看。这是穗儿；冬天里就是这样，硬硬的，缩成一团，现在已经展开了，变软了。这是雄花；上面只有雄蕊，花粉就是从这儿来的。再看看这个，是雌花，以后会长出榛子。看到了吗？"

我怀着惊奇和激动的心情仔细观察盛开的花芽，只见里面伸出了几支粉红色的穗儿。

"花粉从穗儿上掉下来，"父亲继续说道，"落到这些红色的线上（这是雌蕊末端的花药），花就会受精，长出果实，也就是榛子。这样的花芽里面每个都有几朵花，所以结成的榛子也有好几个，有时能一块长出五六个呢。"

父亲开始简明扼要地向我和叶甫盖什卡讲解，什么是雌雄同株的花和雌雄异株的花，什么是雌雄同体的植物和雌雄异体的植物。这些名称在我看来既古怪又好笑，父亲的话我也没全听明白；但从这一天起，我就爱上了红红的榛子花穗，一生都爱着它。

时至今日，榛子花在我眼中依然是春天里最可爱的信使。每到春天，我都会去林子里观赏第一批开放的榛子花，不行的话起码也要去花园里看看，或者预先剪下一根榛树枝插在水里，在家里观察榛树枝开花。

直到后来，有一年我在克里米亚半岛过冬时才对榛树感到失望。首先，那里的春天有那么多见所未见的迷人植物，榛树又怎么比得上呢？其次，当地直到1月前都很暖和，而榛子花在12月底开得最旺；在那里，我的榛子花已经不再是春暖花开的信使了，而是昭示着寒冷的冬天和不稳定的降雪。

榛树又称欧榛（*Corylus avellana*），是一种典型的风媒植物。富有弹性的雄花花序长在细枝的顶端，风吹之下很容易摇动。榛子花的花粉很多，且干燥而又轻盈。成片的花粉能在空气中飘浮很长时间，只要有一点儿风，就会在光秃秃的林子里的植株之间相互传递。当榛树开花时，几乎所有昆虫都还在冬眠。这看起来都很合理，可还有个问题我就不明白了：为什么榛树的雌花是鲜艳的红色呢？我一直没找到询问专家的机会，也从未在文献中看到相关的解说。也许只不过是因为花药总得有种颜色；也许这种颜色是榛树从远古的祖先那儿继承来的，而它的祖先不是风媒植物，而是虫媒植物？总的来说，风媒相比虫媒是一种更加古老的传粉方式，但也有植物在远古时期已经发展出了虫媒，后来却又重新采用了风媒。榛树是不是也属于这类植物呢？这我就不清楚了。不管怎么说，我们在此已经触及了自然科学中的一个最深奥、最有启发意义的问题。仔细观察自然界中的生命，我们就会看到所有生物与它们的生活环境之间都有着明显的相互作用；但看得更深一点便会发现，这里并没有什么一劳永逸地确定下来的完美状态。我们时而会发现不再有用的古代残余，时而会看到要求新的生活条件的新变化的萌芽。

这些问题都非常有趣，但已经离题太远了。

现在我们还是回到林间空地吧。

＊　＊　＊

叶甫盖什卡认出了一棵椴树。他问我借了把小刀，从椴树枝上切下一小段直的部分，在上面开了个小口，开始用刀柄敲打枝条。我惊奇地发现，经过这番操作的椴树皮很容易就剥离下来，形成了一根规则的带切口的管子。再稍微加工一下，管子就变成一只非常不错的哨子了。叶甫盖什卡把哨子递给我：

"你再等等，我去找块更厚的树皮，给你做个小桶儿。"

"嘿，叶甫盖尼·奥涅金！"父亲说，"你搞椴树时可得当心点儿：这林子可不是咱们的呀。叫护林人看到了怎么办？"

"没关系！"叶甫盖什卡活泼地回答，"米哈伊尔大爷认得我呀；我又没拿着斧子！"

图 36 椴树皮制品。

图 37 柳条和柳花。

他往树林深处走去，我和父亲沿着林间空地继续前进。柳树林里的"小兔"上露出了刚刚开始泛黄的雌蕊，上面慢吞吞地爬着几只最早的蜜蜂，除此之外，其他地方都还不见花朵的踪影。父亲静静地走在前头，一边仔细观察树林的方向。突然他停了下来，惊喜地喊道：

"在那儿！终于找到啦！我要找的就是它。这儿还有！你瞧，多好看呀！"

他指给我两丛稀稀疏疏的小灌木，上面一片叶子都没有。从远处看，我觉得灌木的枝条上好像是爬满了某种苔藓或地衣，但走近点儿就发现了，枝条上密密麻麻地开满了美丽的粉紫色小花。

"这是什么？丁香吗？"我问。

"不，老弟，这可不是丁香，但也很香。闻闻看吧。这是二月瑞香，拉丁语叫 *Daphne mezereum*。"

我折下一段枝条，闻到一股沁人心脾的甜香，还有点儿醉人。

"它在咱们的语言里叫什么名字？"我问，"野丁香？"

"不，老弟，它跟丁香根本是八竿子打不着，是另一个科。反倒是这椴树跟丁香的关系近多了；它和丁香是同一个科。算了，这个你还不懂！"①

我带着几分困惑和委屈，看着桦树那小老鼠般的鼓鼓的黑色叶芽。为什么二月瑞香闻起来那么香，却不是丁香的亲戚，而桦树连真正的花都看不到，反倒是丁香的亲戚？

就在这时，护林人米哈伊尔大爷朝我们走来。

"你好啊，老爷子！"父亲跟他打招呼，"认得这些花吗？"

"哪能不认得！比别的花开得都早。有几年春天雪还没化，它已经开花了。秋天会结果子，红色的，有毒。"

"这花在你们这儿怎么叫啊？"

"这里人大多叫它'狼果'，而在我出生的地方，人们把它叫作'嚼嚼树皮'。小孩子搞恶作剧，把它拿给不知情的人说：'嚼嚼树皮吧！'那人真嚼了嚼，才发现有毒，可糟糕了。"

告别了米哈伊尔大爷，父亲把几根枝条放进收集箱，便静静地上路回家了，而我拿着一根二月瑞香枝飞快地往朋友那儿跑去。想到自己手里拿着"毒药"，我心情就激动不已。我找到了叶甫盖什卡，他正给一个椴树皮小桶雕刻花纹呢。我把二月瑞香枝递给他：

"嚼嚼树皮吧。"

我当然不是有意识地想用好朋友试毒，只不过是小孩儿的不知轻重在作怪。当叶甫盖什卡折下一段枝条往嘴里送时，我并没立刻阻止他。

"快扔掉！有毒！"直到叶甫盖什卡咬了一口，我才大叫着阻止了他。他一下皱起眉头，把嘴里的东西吐掉了。

"呸！好苦！"他吐得更厉害了。父亲走了过来，得知事情原委，不禁懊恼地责备我说："你这是干什么！这完全可能会毒死人呀！我都不知该怎么办了！"

"没事儿，我用雪擦擦！"叶甫盖什卡说着挖起一团干净点的雪就开始

---

① 二月瑞香属于瑞香科（*Thymelaeaceae*），桦树和丁香属于木犀科（*Oleaceae*）。

吸吮。

可这也没什么用，我惊恐地发现，叶甫盖什卡的嘴唇开始发肿了。天哪！我要把朋友给毒死了！怎么办！

然而，这一切最后都过去了——而且过去得很快。我们还没到家，浮肿的嘴唇和其他的中毒症状就基本都消失了。

当我和叶甫盖什卡在家里喝着牛奶，吃着热腾腾的黑面包时，他已经不觉得嘴里发苦了，更重要的是没记我的仇。可家里的长辈直到许多年后，都还会责备我"毒害叶甫盖尼·奥涅金"的事。

二月瑞香确实具有很强的毒性。我的童年好友之所以没什么大碍，是因为他只稍微咬了咬二月瑞香的树皮。万一嚼的时间再长一点，嘴唇上和嘴里都会冒出大大的水疱，就像被斑蝥咬了一样。古代的药剂师会使用一种药物，里面含有从二月瑞香中提取的毒素"瑞香碱"，目的就是制造出这样的水疱。还有一种效力比较弱的瑞香醋，以前是用来杀灭头虱的。

瑞香毒素进入胃里甚至可能致死。

无论如何，一定要看好孩子，别让他们去碰二月瑞香那诱人的美丽果实！

* * *

二月瑞香的果实是亮红色的。这种特别醒目的果实是为了吸引鸟兽把它吃下去，然后随着粪便排出肠道无法消化的种子。二月瑞香的果实不大，把它当食物的一般是鸟类。但这里就有个问题了：鸟类吃了二月瑞香难道不会中毒吗？要是中毒程度比较深的话，鸟类理应懂得要躲开二月瑞香，而二月瑞香也就失去了传播种子的机会。莫非这种在人类和其他某些动物（兔子、老鼠、青蛙等）身上作用强烈的毒素，对鸟类而言却丝毫无害？我曾向权威的植物学家和动物学家寻求解答，却没人能给出确定的回答。我还查过一些资料，可惜的是，就是查不到瑞香毒素对鸟类的作用的资料，只找到了一条一般性的说明：对于一些强效作用于哺乳动物的毒素，鸟类往往具有惊人的免疫力。以下事实就是个鲜明的例子：云雀和鹌鹑能吃下大量的毒参^①种子却安然无恙，而猫吃了饱食毒参种子的鸟就会被毒死。

＊　＊　＊

一般认为，二月瑞香在我们这儿是一种相当罕见的植物。这样想恐怕是错的。在我看来，我们只是没时间去寻找它罢了。二月瑞香开花时非常引人注目，但很少有人会在春天刚到的时候就去林子里走动。到了夏天，二月瑞香那椭圆形的叶子和绿色的果子就被淹没在茂密的绿荫里了。秋天，二月瑞香的果子变红了，看上去自然显眼一点；但它的果子很少，结的时间也不长。

有一年秋天，我在做清理树林的工作。得把杂七杂八的树木都砍掉，只留下大树。工作开始前，我先在自己负责的地段走了一遭，却连一株二月瑞香都没看到；等到我拿着斧子一丛一丛地清理灌木时，才发现这块地段的二月瑞香数量实在是超乎想象：我只工作了 4 天，就发现了 25 丛以上的二月瑞香。这些二月瑞香结的果子非常少：春天里的二月瑞香开着几百朵小花，到了秋天却往往只有三四个成熟的果实。这是为什么呢？或许是因为在俄罗斯的气候条件下，二月瑞香开花的时间太早了；或许是因为二月瑞香花还没等到传粉的蜜蜂就谢了，而自花授粉的结果通常都不怎么好？我并不清楚这些细节，但我曾在比较温和的气候条件下见过多产的二月瑞香。

＊　＊　＊

在克里米亚半岛南岸，我又认识了另一种瑞香——月桂瑞香（*Daphne laureola*）。这种异国瑞香是从更遥远的南方，也就是地中海沿岸地区传入俄罗斯的，现在逐渐变成了常见的野生植物。但这位南方姑娘可是远远不如我们北方的佳人呀！不错，月桂瑞香是有一个优势：它是冬天也不落叶

---

① 毒参（*Conium maculatum*）是一种随处可见的草本植物，属伞形科。古希腊智者苏格拉底被法庭判处死刑，据说用来毒死他的就是用毒参种子制成的毒药。——原注

的"常绿植物"；但它的绿色花朵一点儿都不好看，也没有扑鼻的芬芳。

瑞香又称"达芙涅"（Daphne），这个名字取自古希腊神话。太阳神阿波罗爱上了一位名叫"达芙涅"的美丽仙女，可她不愿接受太阳神的追求，便向宙斯祈祷变成了一棵树。按希腊神话的说法，她变成了月桂树；而我却觉得，"达芙涅"的名字更适合用在这种柔嫩精巧的小灌木上，因为它在春天的头几天里开花，随后就躲着阳光藏到了森林的深处。

第五章　玫瑰

——

Quinque sunt fraters

Duo sunt barbati,

Duo sine barba nati,

Unus e quinque

Non habet barbam

Utrinque.

独特的谜语

题引的拉丁诗句是一道非常古老的谜语，创作于一千多年前。下面我试着把它翻译过来，虽然并不那么押韵：

> 兄弟共五个，
>
> 两个胡子长，
>
> 两个脸光光；
>
> 还有第五个，
>
> 胡子右边有，
>
> 左边光溜溜。[①]

把这个谜语出给喜欢玫瑰的人猜猜，就能感受到谜语作者的观察是多么敏锐了。

玫瑰花那绿色的花萼便是这道谜的谜底。花萼由五个萼片组成，萼片的边缘长满了凸起和锯齿；其中两个萼片两侧都有这种刺边，两个萼片没有刺边，一个萼片只有一侧有刺边。不难理解，这是还藏在花芽里的花朵对环境的方便适应。五条刺边刚好封住了五条裂缝。少了一条刺边，就会有一条裂缝封不住；六条刺边又太多余，还可能会碍事。

毫不奇怪，这个细节早在古代就被人们注意到了。各种不同类型的野玫瑰，比如说我们这儿的野蔷薇吧，可能早就吸引了原始人的注意。玫瑰园艺栽培的根源已经迷失在远古而不可知了。或许玫瑰正是最早被人栽种来欣赏的植物。无数古代故事和传说中都提到了玫瑰，千百年来的诗人都用各种语言赞颂着它的美丽。

不论古埃及人还是古犹太人，都不认识玫瑰这种花。尽管撒罗满在

---

① 作者的俄语译文与原文字面相差甚远，我们也根据汉语的实际作了较大调整。这首诗从拉丁语直译过来应该是："有五个兄弟，两个长着大胡子，两个生来没胡子，五个中还有一个，只有一侧没胡子。"

《雅歌》中提到过"谷中的玫瑰"①，但这早已被证明是《圣经》编者的错误：他所说的并非玫瑰，而是百合②。根据历史资料，玫瑰栽培直到古代波斯（今伊朗）时期才开始兴旺起来，并从那里传入了希腊。古代伊朗甚至有人创造出了"爱上玫瑰的夜莺"的诗歌形象……

　　古希腊人每逢过节便用玫瑰花串装点自己的房屋、神庙、神像和宴会桌，还会戴着玫瑰花环在桌旁一起吃喝宴饮。人们用玫瑰为胜利者加冕，用玫瑰给新婚夫妇打扮，把玫瑰撒在死者身上和墓石上。在古罗马共和国时期，每年夏初都要庆祝"玫瑰节"，这是缅怀所有死者的节日。

　　在中学读书时，我曾学到拉丁语有个表达叫"我在玫瑰下对你说"，意思是"我告诉你个秘密，这事你知我知"；这个说法我至今都还记得。邀请朋友参加私人晚餐的罗马主人会在桌子上空悬挂几枝白玫瑰，意思是说："我们在这儿可以畅所欲言，但我们的话对旁人要保密；请各位不要外扬家丑。"庞贝城③有几座房子里还保存着画在天花板上的玫瑰枝。

　　到了后来的罗马帝国时期，人们过节时会消耗掉多得不可思议的玫瑰，这已经不是用作象征，而纯粹是用来装饰了。在尼禄④宫中的一次宴会上，玫瑰花瓣像雨点般纷纷落在数千名宾客头上（这布置起来很方便，因为罗马房屋的宴会厅的天花板中央通常是开放的）。据记载，这场玫瑰雨让尼禄花费了巨额的金钱！当年玫瑰都来自北非，而这一切都是由奴隶大军白白做工换来的……

---

① 撒罗满（新教译为所罗门）是古代犹太 - 以色列王国的统治者，以智慧著称。《雅歌》是《旧约圣经》中的一章，相传为撒罗满所作；"谷中的玫瑰"出自《雅歌》2：1，或作"沙仑的玫瑰""谷中的百合""谷中的水仙"等（参见下一条注释）；沙仑是古代以色列北部的一个山谷。

② 在撒罗满时代，沙仑谷地里不可能有玫瑰生长，但可见到非常美丽的百合。据植物学家推测，《雅歌》所说的是一种加尔亚顿百合（*Lilium chalcedonicum*），其花朵庞大，呈亮红色，香气扑鼻。——原注

③ 意大利西南部城市，79年毁于维苏威火山爆发。

④ 尼禄（37～68），古罗马帝国著名的暴君。

罗马皇帝埃拉伽巴路斯[①]怀疑亲信中有人暗地里图谋不轨，便利用这种玫瑰雨来除掉他们。他邀请这些人参加宴会，然后下令锁上所有出口，再从大厅上空撒下大量玫瑰。所有客人都被活活埋在了柔软芬芳的"玫瑰山"底下……

* * *

当然，现在已经不会有人想着要用玫瑰来残害客人了……但人们培育的玫瑰也足以活埋一个小城的全体居民了。仅仅是巴尔干山南麓的保加利亚的"玫瑰谷"一地，每年就能向世界市场供应 20 吨以上昂贵的玫瑰精油。玫瑰精油是从所谓的"卡赞勒克[②]玫瑰"中提取出来的，每提取 1 千克玫瑰精油，就要消耗约 500 千克玫瑰；这样看来，保加利亚的玫瑰收成大概得用 1000 节车皮才能勉强装完。要是再加上其他国家大量的工业化种植园和不计其数的装饰性花园，上面这个数字还会扩大好几倍呢。

* * *

植物学家对野生玫瑰也很感兴趣，如今的玫瑰专家和园艺爱好者培育出了各种各样华美的玫瑰，野生玫瑰便是它们的祖先。我们熟悉的野蔷薇是野生玫瑰中的一种。植物学家给它起了个拉丁名字叫 *Rosa canina*，也就是……"狗玫瑰"（犬蔷薇）？为什么是"狗"呢？老实说我也不知道。可能只是个古老的俗称，强调这种玫瑰与培育的玫瑰之间毫无共通之处。

不过，俄罗斯北方更常见的是另一种野蔷薇，也就是所谓的肉桂玫瑰（*Rosa cinnamomea*）。叫这个名字是因为它的外皮呈棕褐色，与肉桂的颜色相似（在拉丁语中，"肉桂"叫作 *Cinnamomum*）。

据植物学家统计，各种野生玫瑰共有一百多种。其中约三分之一在欧洲可以见到，不过这里也有一部分是园艺师从亚洲和非洲引进的，后来才

---

① 埃拉伽巴路斯（又称赫利欧伽巴路斯，203 ~ 222），古罗马皇帝，以荒淫无耻著称。

② 保加利亚中部城市。

在欧洲土地上转为野生的玫瑰。所有野生玫瑰在野生状态下通常都不是重瓣的，我们的野蔷薇也是如此。野生玫瑰的花朵有的较大而单开，有的较小而群生，且颜色各不相同：有粉红色的，紫红色的，鲜红色的，淡黄色的，纯白色的等。野生玫瑰中有几种攀缘玫瑰。俄罗斯南方各地经常能见到这样一幅动人的画面：有一株小树或一丛灌木，上面密布着攀缘而上的玫瑰花。不过，有学问的植物学家也可能会批评说"攀缘"这个词用得不对。这些玫瑰其实并不会攀缘，也不是用茎部缠绕，只是靠向下弯的倒刺固定在其他植物上。顺带提一句，俗话说"世上没有不带刺的玫瑰"，而在有学问的植物学家看来，这一说法与事实相去甚远：有些种类的玫瑰只有很小的刺，也有些种类根本就不带刺。

许多野生玫瑰都开普通的不重瓣花朵，但还是因其美丽的外形、鲜艳的色彩和细腻怡人的芳香而显得格外迷人。

不过，玫瑰并不关心周围人的看法，而是忙着经营自己的"爱情"。它把花朵打扮得如此美丽芬芳，可不是为了欣赏它的人：它只需吸引带翅昆虫的注意，让它们在花朵之间、花丛之间飞来飞去，为自己传播能授精的花粉。你瞧：蜜蜂、熊蜂、苍蝇和蝴蝶——它们为了一点点香甜的花蜜，不知不觉就成了花朵"谈情说爱"的信使。你瞧，花朵中间突然钻进了一只肥肥胖胖、闪闪发光的金龟子！这家伙或许也会传粉，但它带来的坏处更多：它毫不客气地啃食着玫瑰的雄蕊、雌蕊和花瓣。

秋天，花冠早已凋零殆尽，我们的野生玫瑰结出了许多亮红色的浆果。有学问的植物学家可能又要批评我们用词不准确了。野蔷薇那红色的"浆果"其实并非浆果，而是假果：它们根本就不是由那些产生真正果实的器官子房形成的。玫瑰真正的果实是一些小小的种子藏在包裹着红色果肉的外壳里面。在脱下发黄叶片的花丛中，这些红红的"浆果"从远处就能看到，它们究竟是为谁才染上了如此诱人的红色呢？是为了折下玫瑰偷吃果实的小男孩？还是为了用玫瑰果做项链的小姑娘？是为了用玫瑰熬特制果酱的心灵手巧的主妇？也许是为了收集有用的药用植物的采药人？你要知

图 38　犬蔷薇（*Rosa canina*）。

道，犬蔷薇的"浆果"里含有许多抗坏血症的维生素C——一种非常有价值的药用产品。然而，玫瑰长出显眼又美味的诱饵并不是为人考虑，而是要吸引鸫和松鸦。我们的玫瑰和其他植物一样，也得把后代传播到更远的地方。可玫瑰的种子既没有种缨①能乘风而行，也没有小钩儿能钩住在花丛中穿行的狐狸的毛皮。它究竟该怎么把后代传播到远方呢？鸟类啄食红色的浆果；多肉的外壳成了鸟类的美餐，而种子安然无恙地通过了鸟类的肠道，既不会被消化，也没有丧失活性。这些种子和鸟粪一起被排到地上，在地里长成新的花丛，而花丛又会生长壮大，变得光彩夺目，散发香气，繁育后代。

假如统计一下人们花在培育玫瑰上的所有劳动和金钱，就会得到一个非常惊人的结果。有一回，我有机会在美妙的尼基塔植物园看到那里培育的玫瑰品种清单。清单上有2000多个品种②，而这还不到所有非野生玫瑰的一半呢。这么多形态各异、色彩斑斓的玫瑰都是用少数几种野生玫瑰培育出来的。首先是通过改良野生玫瑰的品种，也就是在非野生条件下培育一代代玫瑰，从中挑选出最美丽的个体；其次是通过杂交，也就是让不同品种相互交配产生后代。经过数千年的园艺栽培，不同品种的玫瑰间的亲缘关系已经变得混乱不堪，有时就连经验最丰富的专家也搞不清其中的关系。

就算是最优秀的玫瑰品种，到了俄罗斯的气候下也会变得又娇弱，又可怜，又无助，别说是自由自在地生长了，没了精心的照料就根本活不成。也许到了终年无冬的热带，它们就能自由地生长了吧？才不是呢。在爪哇岛的植物园里，园艺师在千奇百怪的热带植物中培育了玫瑰。可怜的北方美人叫热带的潮湿空气给憋坏了，变得憔悴不堪，花朵完全失去了原有的芬芳。俄罗斯南部的富饶地方、高加索、法国南部和意大利才是最适合玫瑰生长的地方。

---

① 某些植物种子顶部的长毛，有助于种子随风传播。
② 目前这个清单已经比原来扩充了两倍还多。——原注

* * *

园艺师把我们领到一丛开花的玫瑰前，上面交替绽放着或白或红的玫瑰。

"怎么样？"园艺师说，"这'兰开斯特－约克'挺好看吧？"

这个名字让我觉得有点似曾相识。啊，没错——是英国历史。兰开斯特家族与约克家族进行了一场旷日持久的战争，称为"红白玫瑰战争"[①]，这是因为前者的家徽上有红玫瑰，后者的家徽上有白玫瑰。当我在中学读书时，这场战争害我跟历史老师也干了一仗。我怎么都学不会这段混乱的历史。最后双方休战，结果就是记分册上一个妥协的"三分减"[②]……

如今，园艺师依然在想方设法培育越来越多的新品种玫瑰。自古以来，人们就努力想培育出黑色的玫瑰。能让物理学家承认的真正的黑色，在花朵上是根本没有的；但今天的园艺师已经培育出了一种深红色的玫瑰，在晚上不良的光照条件下完全可以被当作黑色。

图 39 兰开斯特家徽上的十瓣"红玫瑰"图案。

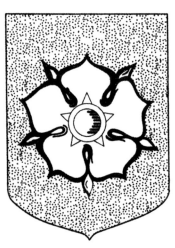

图 40 约克家徽上的五瓣"白玫瑰"图案。

---

① 玫瑰战争（1455～1485），最后兰开斯特家族获胜，建立了英国历史上的都铎王朝。

② 俄罗斯的教育体系采用五分制，三分为及格，三分减即为勉强合格。

从古到今，园艺师们还梦想着培育出蓝色的玫瑰。歌德[①]首创了一个办法：在蓝色玻璃的温室里栽种玫瑰来实现这个目的。这样做是能给玫瑰弄出点蓝色调，但真正的青玫瑰或蓝玫瑰目前还没人种出来过。而植物学家倾向于认为，这是一项无法实现的任务。玫瑰属于那种根本不可能形成蓝色的花。带点儿绿色的玫瑰倒不少见，但它只会让植物学家感兴趣，却不怎么能吸引园艺师的关注。

园艺师的成功创新中有一项值得一提，那是一种开小花的攀缘玫瑰，叫"永生花"。

这当然不是真正的"永生"，但这种玫瑰确实能从早春一直开到晚秋。

如果你想了解一下我最喜欢的园艺玫瑰，那就和我一起去美丽的雅尔塔郊外走走吧。在那里，朴素的别墅墙壁和普通的低矮篱笆，上面都爬满了攀缘玫瑰，开着一串串紫红色或白色的小花。这种玫瑰你在壮观的疗养院阳台上也能看到，但那里的玫瑰长得太过整齐、太过规则了，郊外的玫瑰则是自由自在地生长。因为人们对这些玫瑰的照料仅限于抑制它们的侵略倾向：让它们不要过分侵占邻居的地盘，或者把门窗缠得太厉害。单独几朵玫瑰并不怎么好看，但它们的数量可真多呀！据说有的大花丛能同时开大约 50000 朵花[②]。

直到 18 世纪末，欧洲园艺师开始大量学习中国和日本发达的园艺学时，这种玫瑰才从东亚引进了欧洲。

上面说到的只适用于小花攀缘玫瑰。大花攀缘玫瑰自从远古时期就在欧洲生长了，其中有些植株的寿命特别长。

德国小城希尔德斯海姆生长着一株不重瓣的玫瑰；据估计，它至少已经有八百岁了，甚至可能有整整一千岁。

---

① 约翰·沃尔夫冈·冯·歌德（1749～1832），德国伟大的文学家、思想家。业余爱好自然科学，在植物学上有一定建树。
② 你是不是觉得这个数字太不可思议了？可你有没有试着数过开花的丁香或稠李的花串？有没有数过苹果花的数量？——原注

图 41 欧洲最古老的玫瑰。

这位"老奶奶"每年都会开花，尽管开得不像以前那么多了。你要知道，当我们的祖奶奶的祖奶奶还没出生时，这株玫瑰就已经有几百岁啦！

玫瑰？不是玫瑰！

作为对这一章的补充，我还想告诉各位一点小知识：植物爱好者经常会把某些植物叫作"玫瑰"，但它们在植物学上根本就不是真正的玫瑰属。俄罗斯的温室和大棚里经常能见到一种所谓的"中国玫瑰"，开着很大的

（直径可达 12 厘米）亮红色花朵。这种引人注目的花朵有一个独特之处，那就是花朵里伸出的雄蕊柱非常长，而雄蕊里伸出的花丝还要更长。就算不是精通植物学的行家，也能发现这种"玫瑰"与真正的玫瑰其实毫无关系；只要具备一定的技巧，就很容易猜出它属于锦葵科，跟我们这儿的花葵——一种开粉红色花朵、常常长在人类住房附近的草本植物是同一个科。

这个名字本质上是错误的，但已经变得根深蒂固，甚至被写入了"中国玫瑰"的科学护照——植物学家把它叫作"*Hibiscus rosa-sinensis*"①。

中国玫瑰原产南亚，在热带国家是最受喜爱的园艺花卉之一，在俄罗斯却无法在露天条件下生长。

"阿尔卑斯玫瑰"通常指的是一种低矮的杜鹃花属植物，开粉红色、红色或黄色的小花。这种大量开花的小灌木在高加索、西伯利亚的山地以及其他高山地区都十分常见。它与真正的玫瑰大概只有一点相似，那就是某些杜鹃花具有粉红色的花冠，但二者花朵的结构完全不同。

在使用"阿尔卑斯玫瑰"这个已经约定俗成的名字时，必须小心防止一种混淆，因为真正的玫瑰中确实有一种长在山地的。植物学家把它叫作 *Rosa alpina*，也就是"阿尔卑斯玫瑰"。你可别因为名字相似就把这真正的玫瑰同杜鹃花搞混了。这个例子说明，有时只有学名才能准确指出我们讨论的是哪种植物；类似的例子还有很多很多。

上面提到的阿尔卑斯玫瑰妙就妙在它正是那"不带刺的玫瑰"。古时候它常常成为诗人歌颂的对象。你要知道，两三百年前还不时兴山地运动，我们的祖先并不喜欢登高，而且还害怕登高。不要说那终年积雪的山巅，就连生长着阿尔卑斯玫瑰的更低一点的地方，对他们来说都是遥不可及的。因此"不带刺的玫瑰"便成了难以企及的理想的象征。

---

① 作者描述的这种植物其实是朱槿（又称扶桑），在我国是很常见的观赏花卉。其属名 *Hibiscus* 指木槿属，种加词 *rosa-sinensis* 在拉丁语中是"中国玫瑰"的意思。

第六章　杂草

"世界公民"

什么是杂草呢？专家学者把杂草分为几个不同的类型；但我们不打算深究这些细节，而是把所有不依赖乃至违背我们的意愿，在农田、草地、菜园和花园到处乱长的植物，以及那些在住房边、院子里、空地上、水沟里、道路旁等地方顽强生长的植物，统称为"杂草"。在流于表面的观察者看来，这些植物似乎没什么意思：它们实在是太普通啦；但对爱思考的植物学家来说，正是这种"普通"格外值得关注。

设想一下，我们在地球仪上划分出各种植物的自然分布范围。世界上约有20万种被研究过的高等植物，其中绝大多数种类在我们的地球仪上只占很小的地方，有时只有一个小岛那么大。剩下的植物只有几十种，但它们即使没有遍布全球，起码也占了陆地的一大半。其中就包括我们的杂草：荨麻、滨藜、荠菜等。我们努力想从菜地和花坛里根除的杂草，其中许多种都有这个极其重要的特点；它们是"世界公民"。当然，每种杂草都有自己的故乡，也就是该物种首次出现的地方，但它们在远离故乡的地方也过得很滋润：不管是北半球还是南半球。为什么呢？莫非它们特别不挑剔，对生活条件的要求特别低？不是的！随便哪个植物园的园艺师都会告诉你：

"凡是我们想除草的地方，杂草就长得很好，可是在专门给杂草准备的苗圃里……不管怎么精心照顾，大多只能长出几根标签。"

杂草生命力和繁殖力的秘密究竟在哪里呢？第一个原因是，许多杂草能产出极多的种子。你可以试着估算下一株长势良好的雏菊、车前草和天仙子能结出多少种子！通常来说都有几万个[①]；姑且算是1万好了，这样也

---

① 天仙子通常并不是特别多产，但在一株长得特别茂盛的天仙子上发现了950000（接近一百万！）个种子。——原注

不难算出：假设这些种子全都能发芽，且年幼的植株没有与其他种类的杂草残酷竞争而大片死亡，那只要繁衍到第四或第五代，这些杂草就遍布全球 1.38 亿平方公里的陆地了。第二个原因是，即使在不利的条件下，杂草种子也能长时间保持生长能力。

不请自来的客人

在田野中穿行时，我们会看见美丽的浅蓝色的矢车菊、乳黄色的雏菊、冰草和蓟草，以及其他一些往往非常好看的植物。但这些都是农业最凶恶的敌人。

你可曾想过，这些杂草会产生多大的危害？

有人可能会以为，只要让脱皮的种子过一下扬谷机和筛分机，就能把所有垃圾都分离出去，得到纯净的谷粒或其他植物的种子。

事实并非如此。

先不提筛种子要费多大的功夫，彻底筛分在很多情况下根本就做不到，或者对设备和开销有着很高的要求。举个例子，要把有害的菟丝子种子和有用的三叶草种子分开是极其困难的。我们也几乎不可能从亚麻种子里把大爪草、黑麦草、蓼草和亚麻荠的种子都清除干净。

最糟糕的是，杂草在田间植物生长的时节会造成极大的危害。如果我们把一平方米土地里的庄稼和杂草都收割掉，分别称一称二者的重量，就会发现在照顾不周的情况下，田里的杂草可能占到收成总重的 20%、30%、50% 甚至更多，在极端情况下可能高达 90%。

这意味着什么呢？这意味着土壤里大量的营养物质没有被有用的农作物吸收，而是被杂草侵吞了。我们往田里加宝贵的粪肥和化肥，万一碰到这种情况的话，到头来就没能肥了庄稼，反倒是便宜了杂草……

这就说明杂草"偷走"了我们田里的收成。

有的地方需要进行人工灌溉，那里的情况又如何呢？我们灌溉庄稼，同时也灌溉了杂草，它们抢走了本来要给庄稼的水分。也就是说，我们必须消灭杂草，才能为庄稼保存水分。

到底要怎么与杂草作斗争呢？

与杂草作斗争的方法非常复杂，有时也很困难。其基础是对杂草进行生物学研究，学会在生长初期就把杂草同有用的植物区分开来。

现代科学技术为我们提供了与杂草作斗争的各种手段：化学、航空学、生物学、种子优选播种等。

这里还必须指出，在植物保护研究所的倡议下，俄罗斯建立了所谓的"杂草防疫站"。所有从国外进口的种了都要经过检查，看里面是否混有杂草的种子；万一发现了杂草，这些种子就不允许在俄罗斯境内播种。

外来者的入侵

在杂草侵占新地区的例子中，它们快速顽强繁衍的能力体现得淋漓尽致。俄罗斯常见的杂草中有不少是外来者。其中有些早在很久之前，也有些直到不久前才从美洲迁移到我们这里。以其貌不扬的加拿大飞蓬（*Erigeron canadensis*）为例，这种植物生长在多沙的地区，在沙漠、荒地、道路和河岸上满地都是。在植物学新手看来，它那长着白色"锯齿"或土黄色蓬松果实的头状花序并不怎么吸引人；但这种植物还是值得关注的。加拿大飞蓬是最著名的"欧洲征服者"之一。它于17世纪中叶偶然来到了巴黎。据现存资料记载，1655年从加拿大进口的鸟类标本中填充了蓬松的飞蓬种子。一小撮果实偶然被风吹散，种子落到合适的土壤里生长壮大，结果仅仅过了约40年，飞蓬就成了整个欧洲最常见的植物。就算植物学家说这是不久前才从美洲来的植物，也没有人会相信他的话了。

在过去的数十年间，入侵到我们这里的还有另一种叫母菊（*Matricaria suaveolens*）的植物，对此我记忆犹新，并且这个过程至今还在我眼前进行。

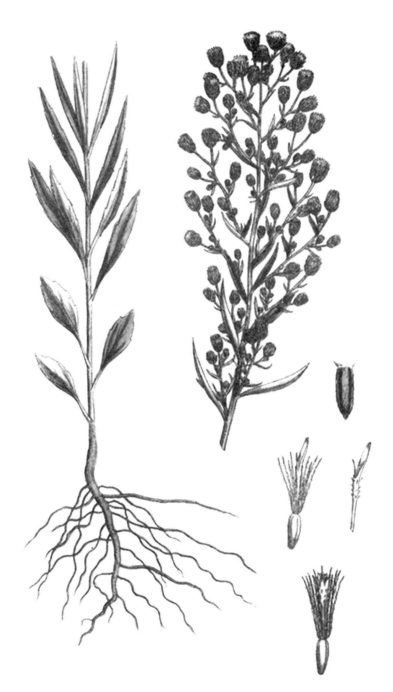

图 42　加拿大飞蓬（*Erigeron canadensis*）。

母菊的外形很像普通的雏菊，但圆圆的花盘周围并没有白色的齿状花瓣。这种植物自 19 世纪 70 年代起开始在欧洲传播。有些植物学家推测，它的种子是从美洲传进来的，但也有人认为，单靠植物园里那几个植株的种子就足以让它遍布整个欧洲了。

在我的记忆中，从前的家乡长满了母菊。我清楚地记得，父亲去离家 60 千米的奥卡河 ① 畔作植物学考察，从那儿带回了第一株母菊，当时它在父亲的植物收藏中占了特别尊贵的位置。过了 5 年，在自北向南的莫斯科—库尔斯克 ② 铁路沿线，也很容易就能发现母菊了。又过了 5 年，母菊出现的范围离铁路线越来越远；再过 5 年，所有道路两旁、人迹稀少的乡村街道、所有的院子和空地上都密密麻麻地长满了来自美洲的"移民"。漫步在离家几步远地毯般的母菊上，回想起当年父亲发现"稀有的新品种"的喜悦，不禁觉得有点好笑。

自从各大洲之间建立起密切联系以来，外国植物的种子就可以说是从四面八方向我们袭来。一位德国植物学家曾在大港汉堡 ③ 的码头上收集泥土和垃圾，对其中的幼芽进行仔细观察。这些幼芽中有 400 多种是汉堡附近野生状态下没有的植物。类似的观察在俄罗斯的港口城市也有进行。不管怎么说，只要是经验足够丰富的观察者，都能在外国货物仓库的垃圾中观察到极为有趣的结果。

不过，要想根据幼芽把外国植物与本土植物区分开来，这就需要一定的经验了。这并不总是那么简单。

实话实说，当我头一回在克里米亚半岛打理菜园时，我曾把一种不认识的花芽当成了……黄瓜的幼芽。

---

① 俄罗斯中部河流。
② 俄罗斯南部城市。
③ 德国东北部城市，重要港口。

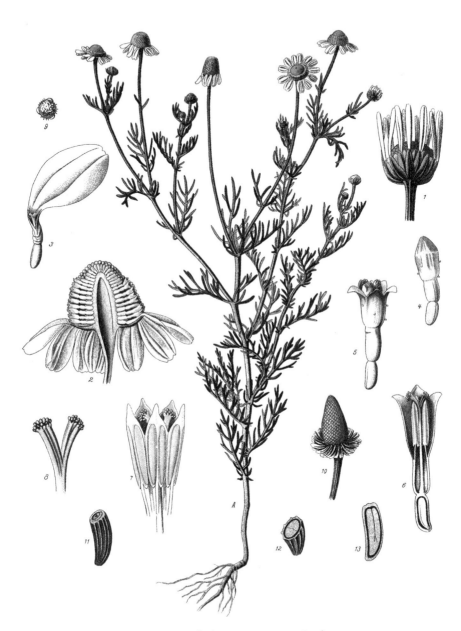

图 43 母菊（*Matricaria suaveolens*）。

美洲的欧洲移民

目前，欧洲植物中约有 40 种从美洲来的野生植物。那么有没有相反的情况，也就是欧洲植物来到美洲并夺得了当地的"户口"呢？当然有，而且还不只是有，美洲的欧洲移民可比我们这儿的美洲移民多得多了：合计有 200 多种。最早征服美洲的正是这些欧洲的杂草。随着欧洲人逐渐深入新世界的森林和大草原，我们这儿常见而在美洲从未有过的车前草也开始沿着他们的道路扩散。

这种新的杂草被印第安部落称为"白人的足迹"。

南方的花园里经常栽培一种美丽绝伦的装饰性禾草——蒲苇（*Gynerium*），这种禾草细长的叶子就像喷泉，到了夏末里面还会伸出特别长的茎秆，以及毛茸茸的粉中带银的花朵。园艺师们习惯把这种禾草（最常见的是 *Gynerium argenteum*）叫作"潘帕草"（也有叫"潘帕斯草"的，但不太准确①）。

的确，这种植物原产南美洲，特别是潘帕斯草原，那里曾长满了美丽的巨大蒲苇丛。然而，如今想去欣赏这些蒲苇丛也只是枉然了。潘帕斯草原早已密密麻麻地长满了欧洲的大翅蓟及其近亲朝鲜蓟。在潘帕斯草原以及美洲的其他许多地方，欧洲植物早已把美洲的土著植物排挤和压制了，迫使它们退居二线。

谜团

你认识"疣果匙荠"吗？夏初，当疣果匙荠刚刚发育出花芽时，它那

---

① 如今把阿根廷和乌拉圭的大草原称为"潘帕斯草原"，这是译自西班牙语 las pampas，而西班牙语又译自克丘亚语（南美的一种印第安语言）pampa，意为"山间的大平原"。在西班牙语中，"潘帕"（pampa）是原型单数，"潘帕斯"（pampas）是复数，所以作者才说后者不太准确。

图 44 蒲苇（*Gynerium argenteum*）。

肥厚多汁的茎是非常好吃的。疣果匙荠茎的表皮上有许多黑色的小凸起，把这层皮剥掉，你就能获得绿色的果肉，味道像是嫩嫩的水萝卜。到了夏末，疣果匙荠会长成高耸的灌木丛（可高达一米），上面满是黄色的小花。疣果匙荠属于十字花科（*Brassicaceae*）。

　　植物学家把疣果匙荠（*Bunias orientalis*）称为"东方"的植物[①]。不错，疣果匙荠只生长在欧洲东部地区。可为什么这种不挑剔的杂草没有传播到

---

① 匙荠的种加词 *orientalis* 在拉丁语中是"东方的"的意思。

图 45 疣果匙荠（*Bunias orientalis*）。

西方呢？这是个谜团。我不仅不知道答案，甚至都不清楚专家们有没有试着好好寻找过这个答案。

假如疣果匙荠到了西欧完全无法在野生状态下生存，这个谜团也就好解多了。但事实并非如此：某些地方偶尔还是能见到它的。举个例子，早在一百多年前，疣果匙荠就已经在巴黎附近生长了。可为什么疣果匙荠在这一百年间没能扩散得更远呢？不得而知。

杂草传播中的第二个谜团，我在少年时代就已经听说过了。有一种所谓的黑荆芥（*Melampyrum arvense*），与俄罗斯森林中的"伊万与玛利亚花"（*Melampyrum nemorosum*）[①]是相似的近亲[②]。

这种植物长着形状分叉、颜色醒目的粉紫色苞片，其中盛开着黄里带红的花朵。有趣的是，黑荆芥虽说是属于列当科（*Orobanchaceae*），其果实的大小和形状却和麦粒相似，只不过颜色更深[③]。黑荆芥的分布仅限于莫斯科以南，主要是在黑土带[④]开始的地方。我童年生活的地方都见不到黑荆芥，直到上中学时有机会同父亲一起去更遥远的地方考察，我才头一回见到这种美丽又独特的植物，感到非常高兴；但也就是高兴高兴罢了。而我哥哥对植物收藏的态度更加严肃。得知黑荆芥的学名后，他便问父亲："为什么这种 *Melampyrum* 要叫作'arvense'，也就是'田里的''耕种的'呢？它根本就不长在田里呀！"

"这种植物的学名是西欧人起的，"父亲解释道，"那里的黑荆芥都长在田里，在播种小麦的地方。"

总之，这又是个谜团了。种子很像麦粒的黑荆芥污染了西欧的农田。

---

① 木牛麦。

② 这两种杂草都属于所谓的"半寄生植物"：它们可以独立生长，但经常会用自己的根去吸附邻近的杂草的根。如果有合适的机会，我建议读者亲自观察这种有趣的现象。——原注

③ 黑荆芥的学名 *Melampyrum* 在希腊语中是"黑麦"的意思。——原注

④ 俄罗斯中南部地区，包括坦波夫、沃龙涅日、利佩茨克、图拉、库尔斯克等几个州，是该国的主要农业区。

图 46 黑荆芥（*Melampyrum arvense*）。

可还是同一种黑荆芥，在我们这儿却在田地之外长得很好，反而不会出现在田里。为什么呢？

我哥哥对杂草研究很多，曾几次着手寻找解谜的关键，直到生命的最后几天里都没有忘记。以下是他 1923 年春从哈尔科夫给我寄来的信件里的片段，一周后他就去世了：

"我已经不出门了……忙着从完成的作品里选一部分出版。顺带说一句，关于 *Melampyrum arvense* 的问题，我终于得出了一个相当可靠的假说。"

这个假说最终也没能出版。我只知道解谜的一个大致框架。为什么黑荆芥不会污染俄罗斯的农田呢？这是因为俄罗斯气候严酷，导致黑荆芥的种子成熟得太晚，已经过了收割小麦的时节。如果黑荆芥偶然长到了小麦田里，不等它成熟就会被收割掉，也就不会进入下一次播种的田地。那么，为什么在气候更加温和的西欧，黑荆芥就会与小麦同时成熟或稍早呢？西欧多山，那里的许多植物都有山地品种，开花和成熟的速度都比较快。这些山地品种很容易就会演变成更快成熟的黑荆芥。

这只是个框架，其中又会衍生出一系列新问题，但具体细节我就不清楚了。我只是想向各位说明，在对杂草进行仔细观察时，我们会碰上一些非常有趣的谜团，要猜透它们可不是那么简单的。

被预言的大爪草变种

1906 年，我哥哥尼古拉发表了几项研究，那是他对几种污染亚麻地的植物进行长期细致研究的成果。我曾试着阅读哥哥寄给我的一卷论文，但厚重的书页上满是专家学者式的枯燥用语，读起来实在费劲。好在著作中一些有趣的细节我之前已经同哥哥聊过了；此外，当年我在莫斯科大学讲课，每周都会碰到 K. A. 季米利亚泽夫，他用特别简单清晰的语言向我解释了另外一些细节。每次与这位杰出的学者和高尚的人见面 20 分钟，都会给我留下多少深刻的思想和印象！作为达尔文学说热诚的追随者和宣传者，季米利亚泽夫对我哥哥的研究给予了高度评价。"您的兄长以事实表明，"他说，"遵循达尔文的自然选择原则，我们就能把植物学提升到精密科学的水平。门捷列夫预言了新的化学元素的存在①，而您的兄长也和他一样，预言并详细描述了三年后才亲眼看到的植物。"

读者朋友，请允许我简单谈谈植物科学中这个极具启发意义的成就。为什么对亚麻中的杂草研究具有特别的意义？这是因为亚麻自古以来就接受比谷物更精细的栽培：对亚麻种子的扬簸更加仔细；人们不收割亚麻，而是用手直接连根拔起。杂草要想在亚麻地里活下来，就得发展出特别精细的适应，伪装成亚麻的样子才行。

通过对污染亚麻地的杂草（主要是亚麻荠，*Camelina sativa*）的研究，我哥哥得出了一个结论：适应的首要条件是有大小合适的种子，种子必须足够大，才不会在扬簸时与亚麻种子分离开，因为扬簸筛选的是比较大的种子。但一般来说，植物不能只改变自身的一个特征。很久以前，人们就发现了所谓的"发育协同律"。歌德就正确地指出，机体在某个方面"奢侈"就必须在另外的方面"节约"。如果种子变大，每个果实（蒴果）里的种子数量就应该变少。尽管大种子的数量减少了，整个蒴果的大小和重量却增加了，这就导致植物的花托变短、蒴果数量减少等。因此，对大种子的选择会导致植物的整个面貌发生一系列特定变化。污染亚麻地的杂草变种很可能正是由这条途径产生的。当然也有个最简单的办法：用人工手段从野生变种上挑选出较大的种子，然后试着培育出长在亚麻地里的变种。

除了这条直接但非常漫长的途径，也有可能找到其他办法来证实这个理论。我们有理由推测，除了其他植物以外，大爪草（*Spergula arvensis*）也能适应在亚麻地中的生活。要是大爪草真的能长在亚麻地里，它理应为此发展出特殊的大籽变种。如果能详细预言这种假设的大爪草的区别性特

---

① 德米特里·伊万诺维奇·门捷列夫（1834～1907），俄罗斯著名化学家，元素周期表的发现者。

征，就能为理论提供基础。那么要证实理论，剩下的工作就是……找到这种大爪草了。为此，我哥哥向大量的农庄发出通告，请他们寄来未经扬簸的亚麻籽样本。果不其然，在一位亚麻农寄来的样本中，他发现了一些明显大于正常水平的大爪草种子。把这些种子播种下去，就长出了理论所预言的变种。为了纪念发现变种的独特方法，我哥哥将其命名为 *Spegula previse*，也就是"预知的大爪草"。

然而在这类情况下，被发现的变种往往并非全新的物种，我哥哥这边也未能例外。等公布自己的发现以后，他才挖掘出了一个事实：类似的大爪草变种早在很久之前就有其他植物学家描述过了，并被命名为 *Spergula linicola*，也就是"生长在亚麻中的大爪草"。这份埋在故纸堆里的资料就这样使哥哥失去了对变种植物的命名权，但也完美诠释了他的理论。

菟丝子恶毒的拥抱

不懂植物学的人常把几种植物统称为"菟丝子"，它们属于旋花科（*Convolvulaceae*）菟丝子亚科（*Cuscut oideae*）。菟丝子亚科在外观和生活方式上与旋花科其他植物都截然不同。仔细看看我们这儿常见的田旋花（*Convolvulus arvensis*）吧。一般认为这是种有毒的植物，是俄罗斯南方危害最大、同时也是最优雅的杂草之一[1]。美丽的粉白色漏斗状花朵散发着一股柔和又怡人的杏仁甜香。它那长着箭形叶片的茎或是沿着地面爬行，或是缠绕在附近的草茎上。它在邻居身上寻找的不过是机械支撑罢了；旋花绝不靠其他植物的汁液生存：它有自己的根，也有自己的绿叶用来获取营养。不过，蔓延开来的旋花会"拥抱"挤压邻近的植物，可能会导致庄稼减产四分之一之多。

[1] 我们这儿还有一种旋花叫宽叶打碗花（*Colystegia sepium*），开更大的纯白色花朵；它不属于杂草，生长在比较潮湿的地方，比如沟谷、河岸等地。——原注

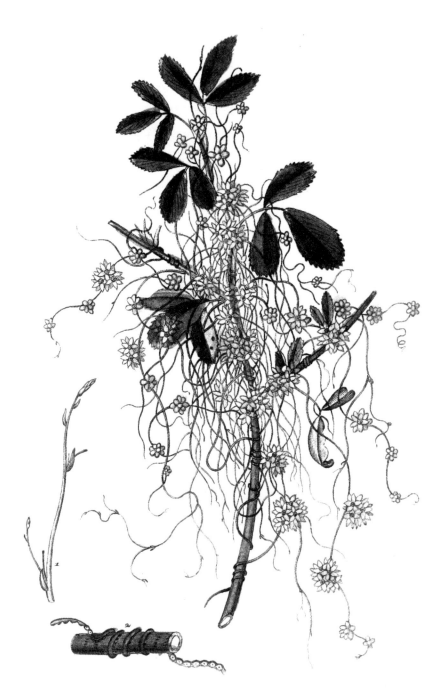

图 47 荨麻上的欧洲菟丝子（*Cuscuta europaea*）。

可是，真正的菟丝子属（*Cuscuta*）植物的危害还要更大。你肯定碰到过这样的情景：几丛荨麻上缠满了白线般的细茎，茎上长着一团团苍白的小花和果实。这两种杂草之间上演了一出大戏：多刺的荨麻拥有对付动物的优秀武装，却沦为了软弱无力的寄生植物的牺牲品。这场跌宕起伏的戏剧将会上演整个夏天，持续三四个月之久。但我们可以想象一下：如果把它们拍成电影，并以快进的速度压缩至三四分钟播放出来，我们会看到什么呢？瞧，荨麻多年生的根系上迅速长出了新的一丛丛春芽。所有荨麻丛都长得很好；但有一丛荨麻旁边的地上伸出了一条细细的"小白蛇"。这是菟丝子种子发芽后长出的幼苗。"小蛇"盘旋着往上生长，用顶端画出一道道圈儿。万一没能抓住合适的物体，欧洲菟丝子的幼苗就会死掉：它没有独立生活的能力。可这条"小蛇"碰到了荨麻茎，便开始顺着茎干往上盘旋攀爬。它越来越紧地挤压着荨麻，还用小小的吸盘刺入荨麻的躯体，跟荨麻长在了一起。如今的欧洲菟丝子已经能吸食荨麻的汁液了；它已经不需要自己的根了，便从根上脱离掉了。它也不需要叶片了，只留下了一些极小的半透明鳞片，这说明欧洲菟丝子的祖先曾经也是自己从空气中获取养分的。欧洲菟丝子夺取了荨麻的绿叶获得的养分，靠吸吮荨麻生长壮大；越来越多新的"小蛇"从它的茎上分了出来，把荨麻缠绕得越来越紧。荨麻开始变得憔悴了，它的发育明显落后于其他自由的同胞，它被压得朝地面弯下了腰，欧洲菟丝子上却长满了聚成球状的花苞，花苞又开出了银粉色的小花。最后它形成了果实，种子撒落在地上，以便下一年的春天长出新的寄生植物，继续靠其他植物过活。

普通的欧洲菟丝子（*Cuscuta europaea*）通常寄生在荨麻上，但也会寄生大麻、蛇麻草、羊角芹和其他一些草本植物，偶尔也会长到豌豆或三叶草上生活。请注意不能将它同另一种与之相似的三叶草菟丝子混为一谈，后者只寄生在三叶草上，是三叶草田里可怕的祸患。这种专门寄生三叶草的是一种特殊的菟丝子——三叶草菟丝子（*Cuscuta epithymum*）的变种；除了一些细微而可靠的特征之外，它与普通的菟丝子还有个明显的区别，那就是略带红色的茎。凡是有三叶草菟丝子蔓延的地方就很难再把它除掉，因为它的种子与三叶草的种子很难区分开来。

沙漠美人

在沙漠和荒野的常住植物居民中，有不少非常美丽的植物；难怪其中有些植物进入了装饰性花园的花坛。我们以锦葵科（*Malvaceae*）为例[①]。其中包括植物学家称为 *Malva* 的几种锦葵；花朵更大的欧亚锦葵（*Lavatera thuringiaca*），又称"狗嘴菜"；生长在南方的药用植物"药葵"（*Althaea officinalis*）。

图 48　欧亚锦葵（*Lavatera thuringiaca*）。

小孩子大多喜欢吃"葵果"，也就是这些植物未成熟的果实；葵果形如圆形的饼子，边缘是一圈未成熟的种子。而童年的我向往的并不是葵果，

---

① 此处原文稍混乱，略加删减。

而是锦葵的花：有人教会了我用锦葵花制作玩具娃娃。后来我常常用这门手艺赢得小孩子的好感。

但欧亚锦葵花也值得更认真地研究。它那又大又艳丽的花朵显然是为了吸引昆虫传粉；但它是怎么实现异花授粉的呢？和许多其他花朵一样，欧亚锦葵也分两个时期开花：首先长出许多雄蕊，底下长合成一根管子，顶上分裂形成花药。这个时期的花是雄花。尚未开放、不适合授粉的雌蕊此时还藏在雄蕊的管子里，经验不足的爱好者得费好大功夫才能找到它。晚些时候，等雄蕊开始凋谢时，成熟的雌蕊才长了上去；花朵经历了第二次的雌花花期。这样一来，就消除了对植物不利的自花授粉。

仔细观察典型的欧亚锦葵花，你很容易就能认出它有许多种在花园里（比如"玫瑰茄"）、房间里或温室里的亲戚（例如朱瑾牡丹（重瓣朱瑾）、苘麻等）。在比较温暖的国家，欧亚锦葵还有许多值得关注的亲戚。其中最重要的自然是各种棉花，其纤维是多数人赖以蔽体的材料。棉属植物也包括几个种类，其中人们种植的棉花一般都是灌木棉或草棉，从草棉（*Gossypium herbaceum* 和 *Gossypium hirsutum*）那黄色或深红色的大花中，你很容易就能看出它与欧亚锦葵的亲属关系。

热带植物中也有欧亚锦葵的亲戚，这里我们介绍一个有名的非洲猴面包树（*Adansonia digitata*），是一种枝繁叶茂、树干极粗（直径可达 12 米）的大树。之前人们曾根据树干的粗细推测猴面包树的年龄有 6000 岁；但其实它要年轻得多，仅是因为长粗的速度奇快无比。旱季里的猴面包树会像冬天的落叶树一样落叶，但在雨季又会长满爪子状的叶片，以及直径可达 12 厘米的大黄花。猴面包树的果子可以吃，但不怎么好吃，也没什么营养，所以当地人常常拿去喂猴子。轻质的木料、树皮、树脂、树叶乃至花朵在当地人手里都有不同的用途。粗壮的树干上若有树洞，还常会被人当成房子住。

我们再谈谈锦葵的另一种热带亲戚——榴梿（*Durio zibethinus*）。榴梿

图 49 猴面包树的花朵。

是一种高大的树木，原产于马来半岛和巽他群岛[①]。它那跟人头一般大小、长满尖刺的果实成了旅行者讲故事的谈资。黄褐色的带刺外皮下是一层可食用的油脂色果肉，里面包着大大的种子。对马来人来说，这是一道诱人的美食；他们最爱榴梿，胜过热带丛林和种植园中其它千万种美味水果。可欧洲人对榴梿的态度就两极分化了：有少数人酷爱榴梿的口味，但多数

---

① 印尼西部群岛，包括该国的绝大多数大岛，如苏门答腊、加里曼丹、爪哇等。

人根本就下不了口。

如果对朋友发出邀请："来我家吧，请你吃榴梿。"多数人都会回答："你家有榴梿？那我这星期都不过去了，等你给房间通了风再说。"

有些宾馆还会贴出告示："严禁把榴梿带入本店客房。"这是怎么回事呢？吃过榴梿的人会告诉你，榴梿那丰美多汁的果肉的确非常好吃；但在享用美味之前，必须先忍受它那独特的气味：玫瑰与紫罗兰的芳香里混着……臭鱼烂虾、大蒜、脏汗脚以及其他各种"令人作呕"的气味。要怎么才能习惯并爱上这样的美味呢？反正我个人是理解不了。但俗话说得好，萝卜白菜，各有所爱嘛！

不过，我们还是从热带回到我们这儿吧。

杂草"美人"中还包括随处可见的天仙子（*Hyoscyamus niger*）。不管是整株植物本身的外表，那带有紫色脉络的淡黄色花朵，还是形如有盖瓦罐的别具风格的果实，在这种杂草身上都显得十分精致。人们种植天仙子是为了药用：干燥的叶片和用叶片制取的天仙子油[①]都有药用价值。

与天仙子同属于茄科的曼陀罗（*Datura stramonium*）在莫斯科以南时常可见，它非常美丽，叫人忍不住想种在花坛里。

曼陀罗也确实进了花坛，后来它从欧洲的装饰性花园传到野外，如今在西欧的荒野中已十分常见了。

天仙子和曼陀罗都属于茄科（*Solanaceae*），这个科还包括另外三种大家都很熟悉的植物：土豆，西红柿，以及叫人怀疑是否有益处的烟草。天仙子和曼陀罗都有剧毒，它们的种子毒性特别强。我至今还记得童年时发生的一件事。有位农妇送来一个五岁左右的小姑娘。小姑娘吃多了天仙子的种子，已经不省人事，双眼圆睁，瞳孔放大，但好像什么都看不到。我奶奶忙着煮浓咖啡。换作是现代医生，大概也会赞成用这种古老的家庭解

[①] 民间常用来治风湿和跌打损伤的所谓"天仙子油"其实并不是天仙子的油，通常是掺有浸泡过天仙子叶的酒精的芝麻油。——原注

毒剂吧：过了两三天，小姑娘就完全复原了，但她中的毒显然还是很厉害的。

茄科植物中还有一种毒性极强的颠茄（*Atropa belladonna*），它和天仙子、曼陀罗一样，都是价值很高的药用植物[1]，所以被人们采集，有些地方甚至会专门种植。

颠茄是一种大型的多年生植物，开脏脏的紫红色花朵，结黑亮亮的多汁浆果，样子很像樱桃，味道很甜。但它的颜色和味道都极具欺骗性。我听说过这样的事情：有一回，卖力的市场小贩用这个"鱼饵"钓上了几位轻信的顾客——他拿多汁的成熟颠茄果来冒充"樱桃"。轻信的顾客美美地吃了一顿可口的"樱桃"，结果差点儿没被毒死。医生费了好大功夫，给了不少解药，才把他们救了回来。所以对颠茄果必须特别小心。它的果子和整棵植株一样，都具有强烈的毒性。

我还记得另一件跟颠茄有关的事情。第一次世界大战期间，尼基塔植物园的植物学家和尼基塔园艺学院的学生一起被派到山区，去针叶林里收集颠茄的叶子，因为这是提取阿托品必备的材料。阿托品是一种极好的镇痛药，在眼部手术中更是不可取代，因为它能让眼部肌肉强烈收缩，让瞳孔迅速扩张，从而减轻外科医师的工作负担。当然，我们植物学家都非常清楚颠茄有多毒，所以对学生们进行了特别详细的指导，告诉他们摘颠茄叶时要小心。可就在第一天傍晚，从林子里采颠茄叶回来的小伙子都显得"特别漂亮"，瞳孔都张得大大的。结果发现，是忘了提醒他们要在结束工作后仔细地把手洗干净并擦干。这已经足以让阿托品对小伙子们产生影响了，有那么一两天，他们因为不习惯扩张的瞳孔，适应不了强烈的光照，因此很快就觉得累了，都没法干活，只好给他们喝浓咖啡解毒。

顺带说几句，颠茄这种植物的名称及其来源也是很有意思的。早在古代，人们就知道颠茄具有致死的毒性，所以用死亡女神的名字将其命名为

---

[1] 颠茄（*Atropa*）里的有效成分叫作"阿托品"（atropin）。——原注

"阿托帕"（*Atropa*）[1]。然而古罗马人已经知道，小心运用颠茄汁能造成瞳孔扩张的效果，让眼睛变得更漂亮，而颠茄果在秋天里随处都能采到，如果稍微服用这种浆果或它的黑红色果汁，脸颊也会变得红扑扑的。所以古罗马的青年女子都非常看重这种植物，在她们看来，所有人靠着颠茄都能变成"美女"。于是颠茄又得了个名字叫"贝拉多娜"（*Belladonna*），在拉丁语中的意思正是"美女"。

在这个其貌不扬但对人类非常有用的植物的名字中，竟结合了"死亡女神"与"美女"的形象，这是不是非常特别呢？

我还想介绍一种生长在我们这儿的茄科植物，叫作甜苦茄[2]（*Solanum dulcamara*）。这种相当美丽的植物在荒野也可以见到，但最常见的还是在湿润的土壤中丛生。之所以叫"甜苦茄"，是因为它的外皮是甜的，而茎干是苦的。我不推荐你去验证，因为这两个部分都是有毒的。它美丽的亮红色浆果毒性更厉害。甜苦茄的淡紫色花朵很像土豆的小花。

读者朋友，我建议你有机会时去观察一下甜苦茄的幼苗，去找找罕见而滑稽的"变异"。事实上，典型的甜苦茄有单叶的，也有三重叶的；除此之外，偶尔还能碰到所谓的"波斯变种"，所有的叶子都是心形的单叶。在中纬度地区，有时会发现一些特别有趣的植株，一条根上同时长出了典型的幼苗和"波斯变种"的幼苗。

仔细观察甜苦茄的花朵，它有个非常好玩的特点。一部分花冠的基部上有一些白边的绿点，看起来很像水滴。甜苦茄的花朵似乎想欺骗寻找花蜜的昆虫，因为花里根本就没有花蜜。只有采集花粉的昆虫才能从这种花朵里得到好处，而它们也能帮花朵传粉；但甜苦茄并不怎么依赖昆虫来传粉，一般来说，进行自花授粉就完事了。

---

[1] 现通译"阿特洛波斯"，古希腊神话中的命运三女神之一，负责割断生命之线。
[2] 中文名欧白英。

第七章　箭毒木①

在贫瘠不毛的荒漠上，
土地被暑热烤得发烫，
箭毒木像个威严的哨兵，
独自站在空漠的世界上。

……

鸟儿从不飞来树上栖息，
老虎也不靠近，只有黑旋风
袭击着这招致死亡的毒树，
而吹走时已经带上毒性。

……

但有人却能用威严的目光

---

① 本章所说的箭毒木中文学名"见血封喉"，而更为现代读者所熟知的、小说中常见的"箭毒"并不取自"见血封喉"，而是毒马钱子（*Strychnos toxifera*）或南美防己（*Chondodendron tomentosum*）的提取物。

把另一个人派往箭毒木旁，

那受命的人乖乖地上了路，

于黎明前带回可怕的毒物。

……

他带回了毒物已奄奄一息，

躺在窝棚下的树皮床上，

这可怜的奴隶终于死在

不可违抗的主人脚旁。

而沙皇就用这些毒汁

涂在他顺从的羽箭上，

他用这些毒箭把死神

送往附近的各个邻邦。

——A. C. 普希金①

①　引文节选自普希金的抒情诗《箭毒木》（1828，冯春译），此处对译文作了少量修改。

普希金这些诗句是多么悦耳动人啊！罗蒙诺索夫[1]式的和弦与浪漫曲的异国旋律结合得多么完美啊！

不过，读者朋友，如果我们不是沉浸在诗歌的魅力里，而是用博物学家应有的清醒而仔细的目光，重新读一读普希金的诗句，便会发现每行诗句乃至每个修饰语中都犯有幼稚的错误。植物学家津津乐道的真正的箭毒木根本就不是普希金咏唱的"招致死亡的毒树"。真正的箭毒木绝不可能生长在"发烫的土地"或"贫瘠不毛的荒漠"上。它生长在潮湿的热带雨林中最肥沃的土壤里，那里一场大雨带来的雨水要超过我们这儿一年的降水量。箭毒木的真实毒性也绝没有诗人想象的那么可怕。要毒死一个奴隶，就得把涂了箭毒木树汁的"顺从的羽箭"刺进他的身体，即便如此，造成的中毒效果大概也不怎么样；难怪马来人在给箭头涂毒时，还要在箭毒木的树汁中混入其他据说更加暴烈的毒物，毕竟他们那里是最不缺毒的。不管是鸟儿还是老虎还是人，都可以平平安安地待在箭毒木旁边。

典型的箭毒木是一种修长高大的乔木，它有40米高，且底下的25米都是没有树枝、光滑笔直的树干。

普希金是从哪儿得来"箭毒木——威严的哨兵，守卫着被它毒害的沙漠"这个可怕的形象的呢？莫非这只是因为他觉得现实不够吸引人，所以动用了幻想的成果？才不是呢！普希金笔下的箭毒木形象与当时植物学家对箭毒木的观念完全相符。我曾拿到过一篇18世纪末写箭毒木的植物学论文。文中清清楚楚地描写了一座寸草不生的山谷，方圆15里的范围内，全笼罩着箭毒木致命的毒气。这写的都是什么呀？是骗子厚着脸皮在信口胡说？还是病人病昏了头在胡言乱语？其实都不是。这不过是一些肤浅又轻信的观察者犯下的错误。爪哇岛上确实有一座"死亡谷"，但如今我们已经

---

[1] 米哈伊尔·瓦西里耶维奇·罗蒙诺索夫（1711～1765），俄罗斯著名学者，百科全书式的全才。在诗歌创作方面也很有建树。

知道，这根本不关箭毒木的事。山谷里的生物是被山间裂缝排出的二氧化碳给杀死的。这个山谷所处的高度已经见不到箭毒木了，但就算是这"威严的哨兵"到了那儿，它也会同其他树木一起，在大自然突发奇想制造的持续"毒气攻击"下窒息而死。

但我们可不能嘲笑最早的研究者，也别急着批评他们的轻率。读者朋友，设想我们是最早的一批对爪哇岛进行研究的欧洲人，我们漂洋过海而来——当时可没有如今的苏伊士运河，两周就能到达，而是得花好几个月的时间绕过非洲。我们乘坐的也不是如今的轮船，而是条件差得多的载具——比如一艘破破烂烂的小帆船。最后，我们终于到了目的地，在爪哇岛登陆，出发去研究岛上的森林。四周全是新奇惊人的印象，还有许多现实的和幻想的危险。我们跟马来向导交流起来也非常费劲，往往分辨不出他们的话里哪些是真话，哪些是误会，哪些又是故意欺瞒。在无数闻所未闻、见所未见、出人意料而又神秘难解的事物中，向导指着"死亡谷"对我们说：

"这里的东西全被箭毒木的毒气杀死了。不管什么活物都没法靠近这死亡树。我们豁出性命去采它的树汁，拿来给箭头涂毒；可只有少数走运的人才能得手。"

读者朋友，现在请你凭良心说说，这种情况下你还想走近点去了解箭毒木吗——爬到树上折几根枝条，仔细看看它的雄蕊之类的？老实说，我是没这个胆量的。换作是我就会说：

"我活腻了才会去研究这箭毒木吧……现在最好还是仔细找找，多收集点无害的植物，尽量把收获运回欧洲就完事了。"

不，我不会责备那些害怕箭毒木的最早的研究者，但我更尊重后来的植物学家的功绩，是他们研究了箭毒木，驱散了围绕它的神话谜团。

* * *

歌唱箭毒木的歌手死了，被决斗手枪射出的子弹夺去了生命。在"威严的目光"的示意下，宪兵队长秘密地把诗人的遗体运到了荒凉的特里戈尔斯科耶[①]。年轻的莱蒙托夫则以饱含悲痛、义愤和宣判的诗歌做出了回应：

　　"你们即使倾尽全身的污血，

　　也洗不净诗人正义的血痕！"

　　"威严的目光"便把普希金抒情诗的继承人给流放了[②]。

　　大约在同一时间，爪哇岛有位英国植物学家按着实物临摹了一棵雄伟的箭毒木，上面还有鸟儿安稳地停在树枝上。这幅图是打破箭毒木神话的第一击。如今我们早已知道，箭毒木只比我们这儿几种最普通的有毒植物，例如天仙子、毒芹和"乌鸦眼"[③]等，要稍稍危险一点儿罢了。

　　凡是能见到箭毒木的地方，也能在它旁边找到更加危险的植物，比起臭名昭著的"招致死亡的毒树"，更叫人唯恐避之而不及。

　　据植物学家统计，东亚大陆及其附近岛屿上生长着几种不同的箭毒木。其中一种引发大恐慌的箭毒木，植物学家称之为 *Antiaris toxicaria*，意为"剧毒的箭毒木"。但箭毒木中也有完全无毒的种类，例如 *Antiaris innoxia*，意为"无害的箭毒木"。这种箭毒木生长在印度，它不仅无害，而且还很有用处。当地居民把它叫作"口袋树"。在树皮上开个小口，沿着开口就能很容易地剥下一层圆筒状的韧皮（跟椵树一样），这树皮可以做成结实的口袋，在日常生活中有许多用途。

　　　　　　　　　　* 　*　*

　　对植物学爱好者来说，开花的箭毒木树枝非常有趣。箭毒木是雌雄同株植物。它的雌花和榛树的雌花很像：简简单单的绿色花芽，鳞片里伸出

---

① 普希金的妻子娜塔莉亚·尼古拉耶夫娜·冈察洛娃是莫斯科社交场上著名的美人。法国籍宪兵队队长丹特士对其展开疯狂追求，普希金不堪受辱，便提出与他决斗。1837 年 2 月 8 日，诗人在决斗中受到致命伤，两日后不治身亡。一般认为这场决斗是沙皇（即"威严的目光"）借刀杀人的阴谋。特里戈尔斯科耶为莫斯科近郊庄园，普希金故居。

② 米哈伊尔·尤里耶维奇·莱蒙托夫（1814～1841），俄罗斯著名诗人。上面这两句诗引自他的名作《诗人之死》（1837，顾蕴璞译），诗中抨击了沙皇宫廷借刀杀人的阴谋。这首诗也触怒了沙皇，导致诗人被流放到高加索。

③ 中文名为重楼（*Paris*）。

了柱头；但它的雄花花序和榛树的穗儿就截然不同了。乍看下这花序有点像蘑菇，像小小的榛蘑；但只要仔细看看，就会觉得其实更像向日葵的小脑袋。"小蘑菇"的蘑菇帽上长着小小的花朵，里面只有雄蕊。这些黄粉色的"小蘑菇"在绿叶中显得格外突出；它们不是长在雌花上面，而是下面；这就说明箭毒木跟我们的榛树一样，不指望靠风来传播花粉，而是努力想吸引昆虫来帮忙。

这里我把箭毒木与榛树对比，纯粹只是因为它们的雌花外观相似；但榛树绝不是箭毒木那为数众多、形态各异的亲戚中的一员。在我们熟悉的植物中，长寿的榆树、用途多多的大麻、快乐的蛇麻草、爱生气的荨麻与箭毒木都属于荨麻目，而在南方植物中，它的亲戚还有无花果（又称映日果、"禁果"）和桑树；热带植物中有波萝蜜、木瓜、产出树胶的各种橡胶树等。至于为什么这些性质各异的植物都被看作近亲，我们就不去咨询专家了，否则他们就会把我们引入理论的"密林"，害我们忘掉了真正的绿色密林。

* * *

箭毒木（或者说类似箭毒木的植物）甚至被写进了歌剧。梅耶贝尔[①]有一出老歌剧叫《非洲女子》，以前很流行，现在很少演了。这大概是唯一一部能以其主题触动博物学家心弦的歌剧了，哪怕是全心全意钻研科学的博物学家也会被它吸引。

歌剧的主角取材于一位真实的历史人物——伐斯科·达·伽马[②]。歌剧的冲突是：达·伽马提出要找到从葡萄牙到印度的海路，这个大胆的设想却遭到当权者的怀疑。靠着一名爱上他的非洲女俘虏的帮助，达·伽马克服重重阻碍，终于找到了这条海路。歌剧最后一幕的最后一场发生在印度洋的一座小岛上：功成名就的达·伽马启程返回欧洲，而被抛弃的非洲女子吸入毒树的毒气，结束了自己的生命。

---

① 贾科莫·梅耶贝尔（1791～1864），德国作曲家。
② 伐斯科·达·伽马（1469～1524），葡萄牙航海家，发现了绕非洲南端好望角前往亚洲的航路。

这到底是什么树呢?

听到这个问题,你大概要制止我了:

"得了吧!不过是一出幻想的歌剧,幻想的非洲女子在硬纸板的布景中慢慢窒息,一边伴着乐队的小提琴唱着柔和的旋律;可你竟想拿植物图鉴去研究这些幻想和设定?"

"完全同意,这样做并不是很合逻辑;但我还是想借此机会谈谈几种热带树木。"

剧本的作者把这种树叫作"曼齐内拉"。的确,是有这么一种大戟科的植物叫作"曼齐内拉"(*Hyppomanae mancinella*)[①];它也确实有剧毒,据说站在树下的人都会中毒,以前认为这是虚构,近年来才认为这是完全有可能的。可是,这种"曼齐内拉"根本不可能出现在达·伽马的印度洋航线上:它只生长在美洲的热带地区和安的列斯群岛。岛上当然也可能有箭毒木,但箭毒木不合要求(其实"曼齐内拉"也不合要求),因为剧本作者希望树上能开满美丽的花朵。

但在这种情况下,道具师是不可能去遵循植物学的真实的。

在我看过的两场演出里,道具师表现了某种类似璎珞木的玩意儿;制造出来的场景非常美丽,但这显然是对人畜无害的璎珞木的毁谤呀……

璎珞木(*Amcherstia nobilis*)是温带花园里最受喜爱的装饰植物,野生状态下生长在缅甸的森林里,大多数懂得欣赏植物之美的鉴赏家都承认它是世界上最美丽的植物之一。

想象一棵中等高度的树,树上长着柔软的羽状叶片,就像金合欢叶子放大好多倍后的模样,因为璎珞木和金合欢都属于豆科。开花时节的璎珞木上挂满了长长的花穗儿,开带亮黄色斑点的大红花朵。每朵花单独来看都极其美丽:乍看之下,它一点儿都不像蝶形花(比如豌豆花),而更像一朵奇异的兰花。整个花穗就更加好看了,上面不仅有花朵,还装点着小花

---

① 中文名毒番石榴、马疯大戟木。

梗和苞片；鲜花怒放的璎珞木就是一幅绝美的画。所以说，画家想用璎珞木来为舞台增色也就不足为怪了，但我重申一遍，璎珞木是完全无害的。在璎珞木的树枝下被毒气熏死，就跟在开花的苹果树或丁香树下被熏死一样荒唐。

有没有可能把歌剧装饰的美感与植物学的真实结合起来呢？我觉得是可能的。有一类各方面都很有趣的木本植物和灌木，组成了植物学上的盐肤木属（Rhus）。许多盐肤木能产出大量橡胶，所以具有很高的技术价值；也有一些相当美观，因此深受园艺师的喜爱。

盐肤木里有一种毒性特别强的，叫作 Rhus toxicodendron，也就是"毒盐肤木"。它的恶名已经是板上钉钉的了：据说只要在树下站几分钟，就会出现中毒的症状。在尼基塔植物园和西欧的各大植物园，这种盐肤木旁都设有警告游客的标语。毒盐肤木在非洲和东亚也有生长，所以把它设定在印度洋的小岛上也不怎么牵强。不错，毒盐肤木一簇簇的小绿花儿并不引人注目，但到了秋天，它那血红色或火焰般的橘色三裂叶比一切花朵都要美丽。在这方面，只有极少数的植物能与毒盐肤木相提并论，而有本事超过它的我是一个都不知道。

* * *

我从未亲身体验过植物的"剧毒吐息"；不管是箭毒木、"曼齐内拉"还是毒盐肤木，都没中过它们的毒。然而有一回，我差点叫一种最喜欢的植物给毒死；好吧，这说得是有点夸张，但它起码也毒害了我少年时期最幸福的日子。

俄罗斯的森林里有许多奇花异草，尽管我们不怎么欣赏，那也只是因为司空见惯了；其中有一位倾国倾城的"美人"，是一种苗条柔美的兰花，长着轻巧秀丽、雪白晶莹、芬芳扑鼻的花串儿。一般人把它叫作"白罗兰""夜美人""柳布卡""夜罗兰"等。而在植物学家听来，哪怕只是见识不多的植物爱好者，这些绰号简直让人听不下去。什么叫"罗兰"呀！兰花和紫罗兰相差得那么远，就没几个相似的地方呀！什么叫"夜"呀！的确，兰花在夜里香味更浓，为的是吸引蛾子，可我们是在白天里欣赏它呀，白天它的魅力也一点儿都不逊色！下面我用学名来称呼这位"美人"——细距舌唇兰（*Platanthera bifolia*）。

没必要详细描述细距舌唇兰那柔美的身姿，以及甜蜜而又毫不腻人的芳香：知道的人用不着描述，不知道的人也描述不清楚。我们那里生长着许多细距舌唇兰，到了夏初，我们家里一定会装点上细距舌唇兰的花束。

那是 6 月初的一天，我刚从中学的考试中顺利脱身，坐车去乡下老家了。我的心为了接下来两个月的自由而雀跃不已。到乡下时已是深夜，我又累又饿，先吃了顿晚饭。晚饭后我好不容易才爬上了床。好舒服呀！床上重新填过的草褥子散发着新鲜的稻草味儿，与桌上的花束的香气混在一起。外头没有莫斯科的车轮嘎吱作响，只听到青蛙在欢快地歌唱，伴有夜莺懒洋洋的婉转歌喉，是我自小就熟悉的乡间大合唱的旋律。啊，太棒啦！明天呢？……只有沉沉睡意才把我从这"明天"里抽了出来。可等待我的不是甜蜜的梦乡，而是折磨人的可怕的噩梦……

……我得赶紧上火车，我一生的幸福都在车上了。火车马上就要开了，可我还在荒唐的车站过道里乱转，不时碰上几道护栏或关上的门。最后我终于跑上了月台，可火车已经开走了，我没能赶上……

我醒了过来，心脏怦怦直跳……然后又睡着了……我站在绿色的桌子前。对面是校长和不怀好意的希腊语教师。他递给我一本怪模怪样的大部头《伊利亚特》①：

"把这首诗歌翻译一下！"

我读着希腊文的诗句，可一个认识的词儿都没有。我流着冷汗回头张望，希望能得到同学的"提示"，可后面不是同学，而是一头巨大的公牛。得赶快跑啊，可我使尽浑身解数也挪不动双腿……

我头痛欲裂地起了床，这头疼一直折磨我到晚上。后来我悟出了原因，

---

① 古希腊诗人荷马创作的两部史诗之一（另一部是《奥德赛》）。

把盛开的细距舌唇兰花束拿出了房间，第二天晚上便睡了个好觉。

　　不好意思，我讲得太入迷了，已经离箭毒木的正题太远了。花香引起中毒是很寻常的事情，或许读者朋友也亲身体验过了。尽管如此，我还是要再补充两句话。少年时的倒霉经历并未减少我对细距舌唇兰的热爱。直到今天，我都非常喜爱这种兰花，有机会时还要单独谈谈它呢：和许多兰花一样，细距舌唇兰也有许多非常有趣的事情可以介绍。

第八章　大花

说到"花"这个词，我们通常会想到某种鲜艳、柔嫩又欢乐的东西。看到生气勃勃的小孩子，我们会说："孩子是生命之花。"花与小孩子之间确实有深刻的相似之处：二者都让我们想起永不熄灭、代代相传的生命之火。花里隐藏着种子的萌芽，也就是未来的植物后代。

远非所有植物的花都很美丽、鲜艳又精致；许许多多的草本植物和木本植物的花又小又绿，一点儿都不好看。但即便这样的花也多少有一些精巧的构造，为的是完成自己的首要使命——创造种子，在后代身上延续植物的生命。

如果一种植物有花，植物学家就会弄清楚它的构造，计算花瓣和雄蕊的数量，仔细研究子房的构造等。花的构造提供了鉴别植物的关键特征，也就是确定这种植物属于哪个科、属和种。但花及其各部分构造的趣味并不仅限于此。我们可以根据花的构造和它结出的果实及种子来考察以下问题：花是如何生活的，结出种子所需的授粉过程是怎么发生的，种子是怎么生长并成熟的，这些种子是通过什么方式散布（也就是离开母体，不断占据新地方来进行传播）的。

我想谈谈几种花特别大的植物。这里会谈到莫斯科附近的田野或菜园里就很常见的植物，也会谈到在遥远的热带国家才能自由生长、到了俄罗斯就只能生存在玻璃温室里的植物。

睡莲

在我们这儿，哪种野生植物的花最大呢？在我看来，提名睡莲肯定是不会错的。睡莲又称水百合，其植物学学名"宁菲"（Nymphaea）来自"宁法"（Nympha）一词。古希腊人和古罗马人把传说中生活在河流、湖泊、草地、森林和峡谷里的仙女都叫作"宁法"。睡莲在俄罗斯的池塘、河湾和湖泊里都不少见，有时还能见到大量丛生。人们都非常熟悉它那美丽的黄心白花。完全展开的睡莲直径可达12厘米①。喜爱美丽花朵的人想用睡莲来装饰花束，有时还费了好大功夫，但结果往往大失所望。摘下来的睡莲很快就会卷曲，被绿色的花托盖住，完全失去了原有的美感。

　　睡莲的花朵很大，但重量非常轻。我称过一朵非常大但不带茎的睡莲，结果还不到10克重，着实叫我大吃一惊。这样看来，一朵睡莲花也就是一封正常的信的重量！

　　请你分开睡莲的花朵，仔细观察各个部分。正中央是子房，上面长满了中间凸起的星形饼状大柱头。这是花朵最主要的部分。子房会形成充满种子的果实。但要形成种子，并令其获得为睡莲生育后代的能力，就得先让花粉落到柱头上才行。雄蕊就长在边上，所以睡莲可以自花授粉。睡莲通过自花授粉也能长出很好的后代，但如果花粉是从另一朵睡莲传来的就更好啦。帮它传粉的是经常能在花里发现的小苍蝇或小甲虫。它们从一朵花飞到另一朵花，想吃几滴花蜜，或只是找个隐蔽的角落歇歇脚；它们在雄蕊上蠕动，便掉到了这朵花的花粉里，又把花粉传到其他花朵的柱头上。所有艳丽的花朵都是靠这种方式传粉的，它们鲜艳美丽的外表就是为了引诱昆虫。

　　几乎所有的植物学教材都会提到睡莲。这倒不是由于它的花朵很大或很美，而是由于另外一个特点：我们这儿再没有另一种花，能像睡莲这么清楚地观察到"雄蕊是变形的花瓣"的事实了。

　　睡莲的外层是真正的白色花瓣，内层是真正的黄色雄蕊，二者之间可以观察到从花瓣向雄蕊的逐渐过渡。

　　睡莲的果实在水下生长成熟。当成熟的果实破裂时，被气囊包裹的种

①　给更内行的读者补充一些知识：这里所说的睡莲是雪白睡莲（*Nymphaea candida*），生长在莫斯科附近和莫斯科以北地区。在莫斯科以南，除了这种睡莲外还有一种与它非常相似的白睡莲（*Nymphaea alba*），白睡莲的花朵更大——直径可达16厘米多。两种睡莲之间的一个区别是：南方的睡莲凋谢后，绿色的花托也会随之凋零；而北方的睡莲凋谢后，花托依然保留，渐渐地才烂掉。偶尔也会见到这两种睡莲杂交的品种。——原注

子便会浮到水面，并在水面上漂浮一段时间。水流或远或近地送它们离开母体。然后种子便沉下去，要是碰到了合适的地方，第二年夏天或一年后就会发芽，长成新的多年生睡莲。

亚马孙王莲

在气候炎热的国家，分布着许多与睡莲相似的植物。那里的莲花开得比我们的睡莲大得多，有粉红色的，有浅蓝色的，也有深紫色的。其中一些种类具有芬芳怡人的气味，这是我们的睡莲无法引以为傲的。有一种产自南美的亚马孙王莲[①]尤以庞大的花朵著称，它是热带植物中的一朵奇葩。

这种神奇的植物生长在亚马孙河及其支流的河湾里，那里终年都是炎炎的夏日。亚马孙河是一条巨大的淡水河。其河口宽达 250 千米，每分钟能将三百多万立方米的水注入海洋。

那里是藤蔓和兰花争奇斗艳、人无法通行的热带雨林的王国，也是猴子、食蚁兽、鳄鱼等各种异域"居民"的国度。

在热带雨林中、沼泽密布的河岸之间，缓缓流淌着亚马孙河广阔的支流，不时能见到丛生的亚马孙王莲。连着几千米的水面都布满了巨大的叶片，其中盛开着香气扑鼻的莲花。

亚马孙王莲的浮叶边缘弯曲，像是一口口巨大的平底锅，其直径可达两米多。我们的睡莲叶只能勉强承载一只大青蛙，而亚马孙王莲的叶子上可以站一个 35 千克重的小孩儿，就像乘着小船在水上漂流。如果均匀地往亚马孙王莲叶上一层层撒沙子，可以撒 75 千克沙子也不会把这口漂浮的

---

① *Victoria amazonica*（拉丁语，"亚马孙莲"；以下括号内均为译注），也常常被错误地称作 *Victoria regia*（拉丁语，"王莲"）。南美的巴拉那河里生长着另一种与亚马孙王莲近似的物种——*Victoria Cruciana*（拉丁语，"克鲁兹莲"，纪念南美政治家安德列斯·德·圣克鲁兹）。这种莲花经常在北方的温室里栽种，因为它的叶子和花朵都比较小。——原注

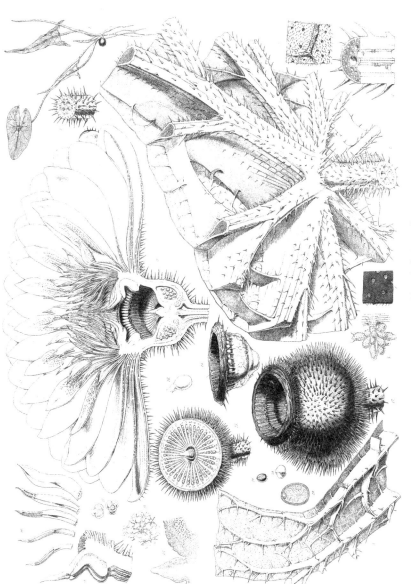

图 50　亚马孙王莲的各部分细节。

"平底锅"给弄沉①。

亚马孙王莲平滑的叶片正面呈亮绿色、背面呈暗红色，上面覆盖着网状的粗叶脉和长刚毛。亚马孙王莲花有点像睡莲花，但开得更旺，体积也大得多——直径可达 40 厘米。

1801 年，当欧洲人初次邂逅盛开的亚马孙王莲花丛时，他们的惊奇和欣喜也就不难想象了。

1846 年，人们学会了在欧洲植物园的温室里栽培亚马孙王莲；1849 年，王莲首次在故乡之外开放。目前，只要是个有足够宽阔的温水池的植物园，就能在合适的季节观赏到盛开的亚马孙王莲。

通常在 1 月前用种子栽培亚马孙王莲，到了夏末它就长开了，当然不如野生状态下长得那么好，但也常有直径一米多长的叶子。在精心的照顾下，亚马孙王莲在 8 月里会接连开出几朵花。花苞从水里钻出来，黄昏时开出纯白色的花朵，让整个温室都充满了沁人心脾的芳香。第二天清晨，花朵又合上并沉进水里，直到傍晚才再次开放，且花瓣带上了粉紫色的光泽。在那之后，凋谢的花朵便沉了下去，留在水里形成果实。亚马孙王莲雄蕊和雌蕊的位置能防止自花授粉。在自己的故乡，亚马孙王莲是靠甲虫在花朵间飞来飞去授粉的。

在温室里，必须对亚马孙王莲进行人工授粉，用小刷子为它传递花粉。有趣的是，亚马孙王莲开花时会有非常明显的升温。花内部的温度比外部环境气温高十度左右。

毫不奇怪，当某处温室有亚马孙王莲开花的时候，哪怕是对植物学不感兴趣的人，也会赶来观赏这种神奇的热带植物。

看看亚马孙王莲那又大又粗的花瓣，看看它满是"刚毛"的花托和茎干，让人有点不敢相信这是真实存在的花；感觉像是在高倍显微镜下观察一朵并不大的花。

---

① 有趣的是，亚马孙王莲的叶子能长这么大，并不是因为组成叶片的细胞数量增加，而是由于每个细胞的生长。——原注

南瓜

在菜园植物中，有几种南瓜的花是开得很大的。我曾见过直径14厘米的南瓜花，说不定还有更大的呢。南瓜和黄瓜的花都值得青年植物学爱好者注意，因为它们是最直观、离我们最近的所谓"雌雄同株"植物的例子，也就是同一株植物上有两种不同的花。其中一种只有雄蕊没有雌蕊，这是雄花；另一种只有雌蕊没有雄蕊，这是雌花。只有雌花下方才有子房，子房又会结出果实。要让果实生长并结出种子，就得先让雄花的花粉落到雌花的柱头上。这里不可能发生自花授粉，因为花粉和柱头长在不同的花上[①]。花粉靠昆虫传播（主要是蜜蜂和熊蜂），它们在花朵间飞来飞去，采集花蜜和花粉。假如菜园子里的昆虫都不见了，我们就得自己操心传粉的事，否则就别想收获南瓜或黄瓜了。如今也有种在大棚里的黄瓜、西瓜和甜瓜，这时园艺师就得帮它们传粉。

花开得最大，南瓜一般也结得最大。有几种南瓜能结出70千克重的果实！但你可别以为花越大果实就一定越大。亚马孙王莲的花可比最大的南瓜花大得多了，但它的果实顶多就拳头那么大。

向日葵

向日葵是人人都知道的一种顶有用的植物，它的头状花在我们常见的植物中肯定是最大的了。这头状花的直径可达40厘米——倒不是很稀罕，亚马孙王莲花已经超过这个大小了。但这里得先说明一点：亚马孙王莲花是一朵名副其实的花，而向日葵的头状花呢，按植物学家的说法，是一整个"花序"、一整个"花盘"。向日葵庞大的头状花里有几千朵小花。由许

---

① 也有同时具备雌蕊和雄蕊的花，但这在南瓜和黄瓜上是极其罕见的。——原注

图 51　南瓜花。

多小花聚成的"花盘"自然不是向日葵的专利，像母菊、牛蒡、蒲公英、矢车菊、苦苣菜等许多其他植物也有。这些植物组成了庞大的菊科（现在拉丁名修订为 *Compositae*）。当然，菊科里最有趣的植物就是我们的向日葵（*Helianthus annuus*）啦。它会引起植物学家的兴趣，是因为具有一系列适应生存的有趣特征；此外，它作为一种很有用的作物就更让人感兴趣了。之所以说"我们的"向日葵，是因为它在我们这里种得特别多，尽管其原产地根本就不是俄罗斯。它的故乡在美洲（墨西哥、秘鲁）。欧洲引进向日葵是在 1510 年，而俄罗斯直到 18 世纪才有向日葵，当时在荷兰考察的彼得大帝^①下令把第一批种子样本送回俄罗斯。

今天我们常见的都是作物型的向日葵，它的改良过程便是在俄罗斯发生的。俄罗斯是当之无愧的"作物型向日葵的故乡"。这是因为，虽然西欧经常从海外进口向日葵种子，但那里的向日葵一般是用作装饰植物或菜园作物（"食用型作物"）。不论是哪种用途，种出来的向日葵都是多枝、多花、小花的形态，和它们在故乡的草原和半沙漠地区生长时一个样。不管是西欧居民还是美洲大草原的原住民，都从未想到过要把向日葵用作油料作物。19 世纪的法国人曾做过这方面的尝试，但不知怎的又放弃了。

1779 年，俄罗斯的《科学院消息》就刊登了一篇题为《论向日葵种子制备油料》的文章。18 世纪末，俄罗斯著名农学家波洛托夫^②曾试着在自家庄园提取葵花籽油。

19 世纪 30 年代，沃龙涅日省阿列克谢耶夫卡镇的农奴波卡廖夫开始在菜园里栽种向日葵，用手工榨油机加工种子，获得了优质的食用油。波

---

① 彼得一世（1672～1725），俄罗斯帝国皇帝（1682～1725 年在位），在位期间推行欧化改革，推动了俄罗斯社会的现代化，人称"大帝"。在位初期曾出访西欧，学习当地的先进技术。
② 安德烈·季莫菲耶维奇·波洛托夫（1738～1833），俄罗斯作家、哲学家、生物学家，俄罗斯农业科学的奠基人。

图 52　向日葵（*Helianthus annuus*）。

卡廖夫便开始推广制油技术；向日葵种植业开始普及，人们开始在富饶
的黑土地上辛勤种植向日葵，而这种植物本身的品质也不断改善，花盘
越变越少，但个头越变越大……就这样，大地上出现了金黄色的作物"太
阳花"[①]。

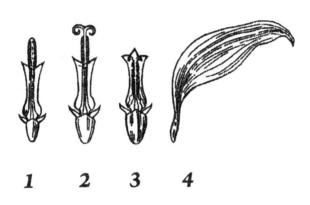

图 53 向日葵的花朵：1—雄花时期；2—雌花时期；
3—自花授粉时期；4—锯齿状的无果花。

要想明白向日葵的小花和整个花序的精巧构造，最好先找个花盘边缘
的花已经凋谢、露出的种子开始成熟的时间，仔细观察一下向日葵的花盘。
此时可以看到各种年龄的花朵。

这些小花结合起来的结果是什么呢？每朵小花在整个花序里又扮演着
什么角色呢？它们的主要任务是尽可能多地产生优秀的种子进行繁殖。要
让花结成种子，就得先让花粉落到雌花的柱头上。如果花粉来自另一朵花
或另一株向日葵，结出的种子就更优秀。

传粉工作必须由昆虫来进行。但也有可能发生意外，昆虫不知怎的没
能完成传粉。在这种情况下，向日葵等不到外来的花粉，就只好"退而求
其次"，进行自花授粉。如果外来的授粉已经完成，自花授粉就是多此一举

① *Helianthus* 在拉丁语中的意思是"太阳花"。——原注

了。可要是没有外来的授粉，自花授粉也会产生种子，尽管不一定是很好的种子。总之，每一朵花都面临着这样的任务：避免自花授粉，尽量接受其他花的花粉；万一完成不了的话，就必须进行自花授粉，免得白白凋谢。下面我们来看看，花是怎么完成这个复杂的任务的。

我们从中间开始，逐渐往边上走，观察向日葵的花盘。

正中央是小小的花苞，往外点儿是更大的花苞。这是"小孩"和"少年"。再往外就开始出现盛开的花苞了，其中伸出深色的花药，连在一起就像个手笼。这是正处于"男性"时期的花朵。它们会产出散布在"手笼"里的花粉。生长在"手笼"内部的雌蕊——柱头还闭合着，所以不能授粉——把雄蕊顶了上去。此时花的内部已经在分泌花蜜了。吸吮花蜜的蜜蜂必然会碰到花粉，身上也就沾上了花粉。

离花盘中心再远一点，便是已经结束了"男性"时期而开始了"女性"时期的花。雌蕊伸到了雄蕊上方，柱头也打开了。花蜜继续分泌。那些到过雄花并沾上花粉的蜜蜂会寻找雌花，碰到柱头时便进行了授粉。

离花盘中心更远的地方是年纪更大的花。雌蕊变短了，柱头弯曲了，能接触到自身的花粉。假如之前没有接受过外来的花粉，这个时期的花朵就会进行自花授粉。如今它已经不再分泌花蜜了；花朵被紧靠在一起的花药和柱头给封住了。飞到这种花朵跟前的蜜蜂也不作停留，而是急着飞往更年轻的花，它在那儿可以好好享用一顿美餐，不仅满足了自己，还帮助了向日葵。

在花的一生中，花药先是向上生长，然后又垂了下去。丝线般的雄蕊则是先伸长，然后再缩短。它们有时伸直，有时弯成圈圈。为了给这些圈圈留出地方，花里预先准备了一个宽敞的空间，令它看上去就像一个下大上小的高脚杯。

靠近花盘边缘的花已经彻底凋谢、脱落了，露出一条由整齐排列的种子组成的"马路"。

花盘最边缘的地方长着一圈锯齿状的花。这是结不出种子的无果花，里面既没有雄蕊也没有雌蕊，只有鲜艳的大花冠。它们只有装饰的功能，但对整朵花也有帮助。多亏有了这些无果花，将向日葵深色的花盘围上了一圈金黄的花冠，昆虫大老远就能看到。

锯齿花的外围是一圈总苞。总苞是一些层层相叠的龟甲状绿叶。当向日葵的花盘还是花苞时，花苞里只有刚出生的花胚。这些花胚还太柔嫩，必须为它们遮风挡雨，抵御各种害虫的威胁。这就是总苞的主要功能。

这里的一切配合得多么默契！向日葵的花序最直观地展示了对生存的巧妙适应，这种现象遍及整个植物王国，乃至整个生物界。这种适应性长久以来都是个谜，直到达尔文找到了一个自然又简单得令人叫绝的解答。

100 千克向日葵种子可以制成 20 千克葵花籽油，这是价值最高的食品之一。去皮的种子上可以直接感受到油的存在。在纸上压碎一枚种子，你会发现纸被油给浸透了。为什么种子里会形成油呢？油是年幼的向日葵必需的养料储备；在生命最初的日子里，当地里钻出来的胚叶尚未变绿，地下还没有形成根系，年幼的植物还不能自己养活自己时，它们就靠着油来维持生命。

俄罗斯的农业部努力扩大向日葵种植，他们主要关心的也正是油料问题，但我们这儿也有"食用"的向日葵品种，这种有用的植物全身都是宝：种子、茎干都有用。除了油料，它还能为我们提供直接生吃的美味的葵花子，巨大的茎干则被青贮制成牲畜的饲料①，它的花朵可以提炼"向日葵滴剂"，是一种治疗热病的药物。养蜂人也喜欢向日葵，因为它产的花蜜特别丰富。向日葵的用处可真不少啊！

---

① 在良好的土壤上，茎干能长到 3 米多高，整株向日葵（含叶片和根）可重达 10 千克。——原注

欧亚列当

在夏天温暖、土壤肥沃的地区，向日葵不仅在菜园里长得很好，在田野里也不错。但正是在这些地方，向日葵可能会遭遇一种寒冷地区见不到的凶恶的害草。这种害草叫作向日葵列当（*Orobanche cernua*），是一种寄生植物，寄生在向日葵的根上，靠吸食它的汁液为生。

我们先简单谈谈列当，这会在后面的一章中派上用场。列当有好几种：第一种寄生在向日葵上，第二种寄生在大麻上，第三种寄生在艾草上，第四种寄生在飞廉上，等等。所有列当都是寄生植物。它们没有自养能力，只能吸食其他植物的汁液。这一点从这类寄生植物的外表上一下就能看出来：它们没有绿色的叶子，只有无花的鳞片。寄生植物的根吸附在绿色植物的根上，夺走其他植物叶子获得的养料。

在我们身边，列当是极其少见的，但不难见到一种外表和生活方式都很像列当的植物，叫作"伯多禄十字架"[①]。这种植物早春时会在榛树下成片开放，它的根吸附在榛树的根上，以此维持生命，在榛树附近挖挖土就很容易观察到这种现象，而且也很有意思。

用植物学的话说，"伯多禄十字架"是寄生者，而它赖以为生的榛树则

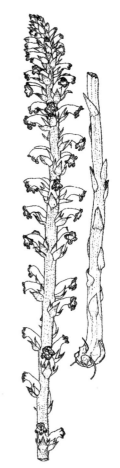

图 54 欧亚列当（*Orobanche cernua*）。

———————
① 中文名齿鳞草（*Lathraea*）。

是寄主。

对强壮的榛树而言，不请自来的小寄生虫只能造成微不足道的损害。但是，当十几棵乃至几十棵列当钻到年轻的向日葵下面，贪婪地吸吮它的汁液时，向日葵便会枯萎憔悴了。

因此，种植者都在想方设法保护向日葵田免受列当侵害。列当繁殖起来非常顽固。一棵强壮的列当可以结出多达 15 万枚种子。这些肉眼勉强可见的小不点儿就像灰尘一样，很容易就会随风飘散。要怎么防治呢？科学家们找到了一些对付列当的手段，其中最可靠的一个办法是：培育出特殊的向日葵品种，让列当无法在其根部生存。

木兰

我们还是重新回到大花上吧。

当我们来到黑海沿岸时，会见到很多有趣的野生植物和园艺植物！

当地的园艺植物中最美妙的应属广玉兰（*Magnolia grandifolia*）[①]。它原产北美的大西洋沿岸，但很久前就在整个南欧地区种植了。成年的广玉兰是一种相当高大的树木，长着坚硬的墨绿色大叶，冬天也不会落叶。到了 6 月，树上会开出巨大的白花，差不多有盘子大小（直径约 25 厘米）。广玉兰花散发着浓烈的香子兰和柠檬的香气，闻起来就像躺甜的冰激凌。

到了晚上，广玉兰花会进入半开放或闭合状态，它和亚马孙王莲一样也会发热，所以花里的气温能比外界的气温高十几度。这种变热的原因和亚马孙王莲一样，是花内部快速发育时呼吸作用变强而引起的。应当认为，这对花朵的作用是吸引寻找温暖地方过夜的昆虫。

把广玉兰花摘下来，带回家插在水里，它晚上闭合，白天重新开放，

[①] 园艺木兰有许多品种；其中一些原产美洲，也有一些原产东亚。早春，一些品种的木兰尚未长叶就已开出非常美丽的花朵。这里说的是 *Magnolia grandifolia*，以特别大的芳香白花为主要特征。——原注

图 55 广玉兰 (*Magnolia grandifolia*)。

且花里通常会伸出一簇白色的红顶雄蕊。

对于那些想更深入钻研植物学问题的爱好者，广玉兰花和整棵木兰树都非常值得关注，因为它是古老树木的一个鲜明例子。根据现存的残迹可以推测，在很久很久以前，如今居于主导地位的种子植物刚开始扩张并取代孢子植物和裸子植物时，与广玉兰极为相似的木兰祖先曾广泛分布于全球各地——其中也包括整个欧洲，甚至在北极都有。

仔细观察一下广玉兰树和它那弯曲的、分叉成烛台状的树枝；仔细看看那开在树枝末端的庞大花朵，看看螺旋状排布的花瓣、雄蕊和雌蕊。这一切都体现着广玉兰树的原始与古老。

阿诺尔德大王花

世界上最大的花是什么花？对于这个问题，植物学家可以给出十分肯定的回答。这种花就是生长在苏门答腊岛上的一种大王花——阿诺尔德大王花（ *Rafflesia Arnoldi* ），1918 年由欧洲博物学家阿诺尔德首次发现。要想亲自见识一下这种神奇的花，我们就得漂洋过海前往苏门答腊岛的热带丛林。从地图上看，会觉得这岛很小，但其实苏门答腊岛长约 1800 千米，该岛面积约 48 万平方千米，相当于德国的面积，大小很惊人吧。当地的主要居民是马来人，人口约 400 万。这个人口密度一点儿也不大。邻近的爪哇岛的人口密度约为其 30 倍。

苏门答腊的内陆多山，遍布着人迹罕至的热带丛林，在那里我们能碰到许多稀奇的生物，甚至有野生的红毛猩猩。你可别以为茂盛的热带丛林在穿越森林的旅行者眼中比北方的森林更美丽、更怡人。恰恰相反，经验丰富的旅行者会告诉你说，在那些终年酷暑的国家，在高温多雨条件下生长的密林只会给人留下极其阴暗的印象。千姿百态的绿叶都长在上面，下面则是半明半暗，只有倒塌的腐烂树干，腐烂的落叶层，以及憋闷、潮湿又炎热的空气。

图 56 阿诺尔德大王花（*Rafflesia Arnoldi*）。

仔细观察一下热带丛林的植物，很容易注意到两个特点。首先，那里的各种树木品种极为丰富。苏门答腊岛生长着三千多种树木。此外，千奇百怪的藤蔓——各种长着多年茎的攀缘植物也具有惊人的数量。

苏门答腊岛上生长着一种白粉藤属的藤蔓。它是葡萄的近亲，与生长在我们的花园里、爬满了墙壁、阳台和亭子的"野葡萄"还要更亲。正是在这种苏门答腊的白粉藤上寄生着大王花，就像向日葵上寄生着列当一样；大王花是一种滑稽的寄生植物，没有叶子也没有茎干，只有奇大无比的花朵和吸附在寄主根部的根。

从大王花附近经过就很难不注意到它。它会用……恶臭的气味引人注意。

它的气味就像烂肉和大便的气味，作用却和许多香花细腻的芳香一模一样。大王花要吸引昆虫为它传粉，而对它来说，最方便的昆虫是以各类尸体为食的苍蝇和甲虫。这些昆虫一群群地聚在大王花上，在它的雄蕊和雌蕊中蠕动着。硕大无比的大王花（有时直径可超过一米）[①]长着五片肥厚的红色花瓣，上面有颜色较浅的斑点。从形状上看就是普通的花，只不过实在是太大了。

这种巨花结出的种子又该有多大呢？不但不大，而且还小得惊人，跟我们列当的草籽差不多。

这世上最大的花竟是从最小的种子里长出来的，且不是长在大树上，而是直接开在地上，连茎干都没有。

要是能忘掉它那恶心的臭气，苗壮的大王花身上倒也有种独特的美感，然而它只能靠吸吮其他植物的汁液过活。

"美丽的寄生者"——这个称号真是再适合大王花不过了。

---

① 此前，苏门答腊有位研究者称自己发现了一朵直径 140 厘米的大王花。这样的花的重量应不少于 14 千克。为了直观感受到这种巨花的大小，你可以试试用纸剪出它的样子。——原注

怪诞的巨花

还是在苏门答腊岛上，在那生长着大王花的密林里，潮湿的低地上还能见到另一种庞大的植物。这种植物同样会远远地放出臭气，用来招引喜食腐物的苍蝇。想象一下这样一种植物：其地下的块根有半米粗细，里面长出了肥厚的茎干，其底端可以看到初叶的残片；在生长的初期，整株植物都被包在这些初叶里面。往上一点是个套子，就像个起皱的领子。套子里伸出一条包在叶片里的长轴。这条轴是无果的尖端，悬在藏在套子里的花层上空。

这个怪模怪样的玩意儿可以长到 2 米高，也就是比人还高。当然，这并不只是一朵花，而是一整个花序外加植物的其他部位。

植物学家把这种奇异的植物叫作巨魔芋（*Amorhphallus titanum*）。

这种植物属于天南星科（*Araceae*），和我们的菖蒲①以及沼泽中很常见的马蹄莲是同一个科②。

马蹄莲也有包裹着肉穗花序的白套子，但花朵上方并没有什么轴。雄花和雌花交替排列，沿着花序爬行的昆虫或蜗牛很容易就会传粉。

与巨魔芋较为接近的是一种东方芋（*Arum orientale*），它们有两个相似之处：首先，都有令人作呕的恶臭；其次，花层上方长着一根无果的轴，有小拇指粗细，十来厘米长。套子的内侧呈紫黑色，其下端膨大成小室，花朵就长在里面。下层由雌花组成，后来会变成红色的果穗。往上一点是一圈变成肉质刚毛的无性花。再往上一点是一层雄花，雄花上方又是一圈刚毛。苍蝇等昆虫一旦钻进小室里，便会落到老鼠夹般的刚毛陷阱中，它们先是在雄蕊附近蠕动，然后钻向雌蕊，就这样进行了传粉。

---

① 现在菖蒲属于菖蒲科。
② 天南星科约有 500 个属，其中有许多热带国家的植物。该科有许多植物在温室里也有种植。有时也会种巨魔芋，但我未曾有机会看看它开花时的样子。——原注

图 57　巨魔芋（*Amorhphallus titanum*）。

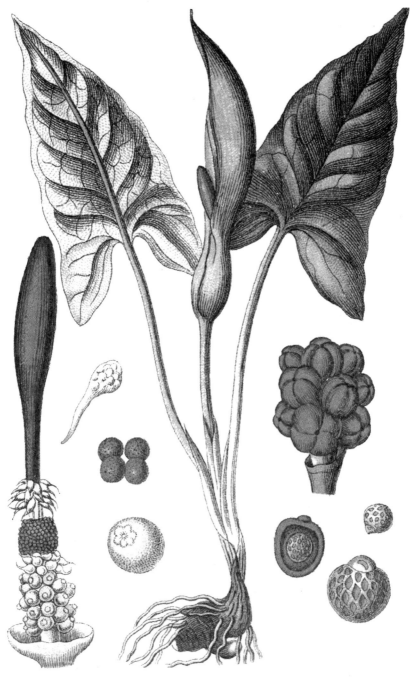

图 58　东方芋（*Arum orientale*）。

有趣的是，被臭气引来的昆虫肯定不会在花里发现什么食物：那里可没有肉呀。那它们为何还要钻进去呢？也许只是想找一个温暖的角落？另外，不难发现苍蝇会被东方芋的气味熏得晕晕乎乎的，它们到处乱撞，相互追逐，就这样晕头转向地飞进了套子里。

最大的种子

在介绍大王花时，我们曾提到这世界上最大的花朵的种子却特别小——就算不是世界上最小，起码也是最小的之一。那么，哪种植物能结出世界上最大的种子呢？这个问题植物学家可以给出完全确定的回答。世界上最大的种子是"海椰子"（又称塞舌尔棕榈，现修订为 *Lodoicea maldivica*）的种子，这是一种原产塞舌尔群岛的植物，塞舌尔群岛位于印度洋西部，靠近非洲大陆的东部。海椰子树结出的巨大"坚果"（直径可达35厘米）如今在各地的植物博物馆里都能看到。与椰子类似，这种"坚果"其实是果实的壳[①]。要想获得果肉，就得把粗糙多毛的外壳从果实上剥下来。椰子和海椰子的轻质外壳都是为了让果实能随着海流漂游扩散。这种适应在椰子身上极为成功。在风景如画的热带海岸上，一丛丛高大的椰子树弯着腰俯视海面的情景是多么常见！成熟的果实掉到海里，被海流冲走了。它们被冲到某处新的海岸后便会搁浅，在岸上生长壮大，在岸边形成新的椰子林。这样看来，早在很久很久以前，椰子就在大陆和岛屿的海岸上扩散了——只要是足够温暖的地方，到处都有椰子树的踪影。可椰子真正的故乡在哪呢？这个问题让植物学家想破了脑袋。

海椰子的情况就完全不同了：它那巨大的果实非常适应在海上漂流，却无法像椰子一样，在浸透盐水的沙滩上发芽。大自然在这里失算了，海椰子找不到新的居住地，便只能留在自己的故乡——塞舌尔群岛了。

———

① 海椰子的果实长度可达50厘米。——原注

图 59 "海椰子"（*Lodoicea maldivica*）。

18 世纪中期以前，也就是人们发现塞舌尔群岛之前，欧洲的航海者只是偶尔能见到巨大的海椰子，要么是在海上漂浮，要么是被海浪冲到岸边。苏门答腊的西海岸也发现过这些海椰子，也就是在距离它们的故乡约 400 千米的地方。最初发现的海椰子让人们脑洞大开。有人以为海椰子是海洋魔力的产物，迷信中还把这种巨大的双生果当作能带来幸运的护身符。一个海椰子甚至能换到一整条满载货物的船。当海椰子第一次被献给鲁道夫皇帝时，皇帝用果实里能装下的黄金把它买下来（要知道，一个够大的海椰子可以轻易装下 100 多千克的黄金）！后来人们研究了塞舌尔群岛，并发现了海椰子的真正来源，它们的价值自然一落千丈，与之相关的迷信也渐渐消失了。

要是一种植物没有扩散的能力，只生活在世间的某个角落，这就是个很不好的兆头。且不提更遥远的年代，就在最近的几百年里都已经灭绝了不少极其有趣的动植物。以圣赫勒拿岛①上独特的植物的悲惨命运为例。1501 年，当英国人首次发现这个耸立于大洋中的险峻孤岛时，岛上共有 61 种植物，其中 59 种是世上绝无仅有的。随着时间流逝，这些独特的植物都无可挽回地凋亡了。有的被迁居岛上的人类毁灭了，有的被人类运来的山羊吃光了，而更多的则是被随着人类一起出现的外来植物排挤消灭，因为外来植物在生存斗争中表现得更加顽强。到了 1815 年（拿破仑被推翻并流放到该岛的一年），岛上的土著植物已经消失得无影无踪了。

目前只有英国的一处植物标本室里保存了这些植物的干燥标本，植物学家也只能通过标本来认识它们了。

海椰子也面临着灭绝的危险。幸好它那巨大的果子实在是太醒目、太有趣了，让人不禁"心生怜悯"。很久以前，人们就制定了专门的法律禁止砍伐海椰子，直到今天依然是如此。

许多热带植物都在欧洲人殖民统治期间消亡了。殖民者开始大量砍伐

---

① 大西洋南部火山岛，英属殖民地。

棕榈和其他的珍贵树种。因此，许多植物的消失并不是由于外来植物的传播，而应归咎于资本家殖民者的"文明开化"活动。

尽管非常长寿，但海椰子的个头并不高，一般不会超过 25 米。其他的棕榈能长到它的两倍高，而世界上最高的树木能有它的好几倍高。海椰子的个头跟我们这儿长得很好的白桦差不多。但它们的种子的差距有多大呀！去壳的海椰子一般都有 15 千克以上（整个果实的重量可达 25 千克），而白桦那带翅膀的小种子呢，足足 200 万颗才有 1 千克重；所以说，尽管这两种树的高度差不多，但前者的种子重量是后者的 3000 万倍。

图 60　海椰子的种子。

第九章　活的锚

——

上大学的时候，有一回我去找同学 R 玩，他后来成了我的好朋友。我们谈到了中学的回忆。

"你中学是在哪里读的呀？"我问 R。

"我在阿斯特拉罕 [①]，"他回答说，"我是土生土长的阿斯特拉罕人，是真正的'菱角人'。"

"'菱角人'是什么意思？"

"人家都这么叫我们阿斯特拉罕人，因为我们喜欢吃菱角，又叫水核桃。"

"'菱角'是什么呀？"我问。

"是一种草，水草。在我们阿斯特拉罕特别多，长在伏尔加河的水湾里。这种草水下长的不知是根还是果子，就是模样像牛角的核桃（当时我同学对植物学还知之甚少）。外壳很硬，里面是果肉，可以吃。等下，这就拿给你看。"

R 在桌子抽屉里找了找，递给我三枚古怪的大果子（直径 3 厘米），我以前从未见过。它们的形状非常奇怪，长着两个尖尖的小角。

"在我们阿斯特拉罕，"R 继续说，"卖菱角的特别多，有整个儿生吃的，也有切掉角用盐水煮熟的。我们那里的小孩儿都很爱吃。"

我把他送的菱角带回了家，拿给搞植物学的哥哥看。本以为会是他从未见过的稀罕玩意儿，谁知他尽管也感兴趣，但早就知道这种菱角了；他甚至还有一个菱角的标本，不过没有果实；只有一个薄薄的切片，可以认出果实的横截面形状。

"喏，这就是菱角，"哥哥说，"拉丁语叫作 *Trapa natans* [②]（漂浮的菱角）。特别有意思的一种植物。它的浮叶挺像白桦的叶子……"

"水下的叶子倒挺薄的。"我补充一句。

① 俄罗斯南部城市。
② 属于一个专门的菱科（*Hydrocaryaceae*），与我们的柳兰所属的柳叶菜科（*Onagraceae*）是近亲。——原注

"不。你以为是叶子的其实是根。菱角也有水下的叶子，但非常小又不发达，很快就凋零了。你朋友犯了个严重的但又很典型的错误，就是把果实误当成了根。这种菱角长在水里，上面是菱叶。然后就沉到水底，长开后的样子非常好玩。"

"它们要这两个角干吗呢？"我问。

"首先，它能保护果实不被动物吃掉。我想，这角别说是鱼和鸭子了，就连水耗子大概都不会碰的。你的果子的尖端已经折断了。锯齿状的尖端非常锋利。其次，它能起到锚的作用，能把年幼的、还在生长的植物固定在合适的柔软的土地里。你瞧：特别是四角菱，位于两个相互垂直的平面上，就跟锚的结构一模一样嘛。①

"这些果实的胚叶非常有趣：有一片很小，另一片却很大，几乎占了整个果实。当果实长大时，小胚叶和根伸到外面，另一片胚叶留在果实里，把长长的叶柄伸到外面，它能起到'锚缆'的作用。你是物理学家，应该还会对另一个适应感兴趣吧。当菱角花凋谢时，水下开始形成沉重的果实。果实本会让整个植物都沉到水里，但恰好是在这个时候，叶柄上长出了一些鼓泡，就像是独特的'救生圈'。在那些长在深水区的植株身上，这些鼓泡就更加发达。你瞧，菱角竟懂得用阿基米德定律②呢！"

"菱角对水中生活的适应是多么巧妙呀！"我情不自禁地想道。凡是初次见识这种有趣的植物的人，想必都会产生这个念头；但严苛的大自然却给出了另外的说法。在如今的时代，菱角显然已经不够适应生活了：这种植物开始逐渐灭绝。不久以前，整个欧洲都广泛分布着菱角，保留在各地水底的菱角果实就是证据③：但活的菱角目前在西欧只有极个别的地方能见

---

① 俄罗斯最常见的是四角菱角，但也有三角或二角的菱角，偶尔还有无角的菱角。——原注

② 由古希腊学者阿基米德（前287～前212）发现的物理学定律：物体在流体中所受的浮力等于其排开的流体所受的重力。

③ 这样的果实可以在泥炭沼泽里以及莫斯科附近几个湖的湖底找到。——原注

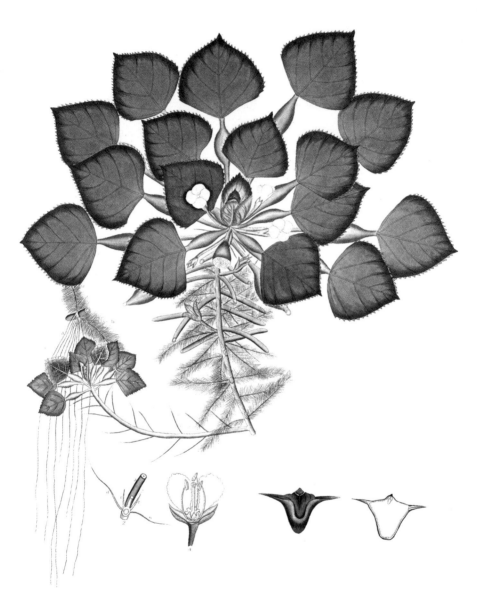

图 61 欧菱（*Trapa natans*）。

到了。

　　我们这里有几种菱角^①，它们通常会在湖泊、盐沼等水体里密集丛生，不管是俄罗斯的欧洲部分还是亚洲部分，甚至到远东地区都有。例如，在阿斯特拉罕和伏尔加河三角洲，生长着一种特殊形状的菱角，不久前才被分出来作为一个单独的物种（*Trapa astrachanica*）。

　　为什么这种有趣（而且也不无益处）的植物的分布范围会不断缩小呢？这个问题我给不出确定的回答。部分原因可能是菱角花不进行异花授粉：它早上会从水里伸出来，通常是自花授粉；有时自花授粉是在水下的闭合花朵里发生的。菱角消亡更重要的原因大概是：这是一种一年生植物，繁殖速度却不够快，无力与其他水生植物竞争，因为有些水生植物的繁殖力特别强大，还繁殖得非常快。

　　与不断向东退却的菱角形成鲜明对比的，是从西方来的著名的美洲移民"水生瘟疫"——伊乐藻（*Elodea canadensis*）。

　　这是一种极不挑剔的植物，只要有一小段茎干就能迅速长开，如今在俄罗斯所有的河流、湖泊和池塘里都多得很了。然而在 100 多年前，欧洲还没有活的伊乐藻呢：只能在北美加拿大的淡水湖里见到它。直到 19 世纪 30 年代末，伊乐藻才极其偶然地来到了爱尔兰（可能是随着一艘从美洲来的船），几年后又从爱尔兰传到英国，在英国大肆生长，时不时会妨碍河流航运或运河水闸的运作。于是人们给这种原本叫"水生桃金娘"的美洲水草起了个更难听的外号，叫作"水生瘟疫"。到了 19 世纪 50 年代，这场"瘟疫"在荷兰、比利时和德国暴发。19 世纪六七十年代，它已经席卷了整个东欧，然后向亚洲和澳洲进军。它向南欧的传播稍慢一点；直到 19 世纪 90 年代，它才找到了翻越阿尔卑斯山的办法，随后就占领了意大利的淡水水域。

---

① 近年来，俄罗斯植物学家 В. И. 瓦西里耶夫确定了全境有 25 种不同的菱角。——原注

　　有趣的是，伊乐藻如此迅速地席卷了整个欧洲，靠的却并不是种子。因为它是一种雌雄异体植物，在欧洲只有产不出种子的雌性植株[①]。

　　它们从一条河传到另一条河，从一座湖传到另一座湖，都是靠着传播幼芽的碎片，这些碎片沾在船上、渔网上或水鸟的脚上等四处传播。从某种意义上也可以说，如今散布在欧洲的所有伊乐藻，都是从大西洋对岸偶然漂来的同一个植株的碎片长成的。

　　你可别以为长满水域的伊乐藻只会带来麻烦。

　　事实上，伊乐藻也有某些益处：它的水草对小鱼来说是极好的栖身处；在伊乐藻的保护下，鱼类的繁殖条件大有改善。

　　在池塘或河流的岸边，在伊乐藻自由自在生长的地方，你还经常能见到绿色的菖蒲（*Acorus calamus*）丛。

　　菖蒲和伊乐藻一样，也是来自遥远国度的异国植物，要是有合适的潮湿地方，它在俄罗斯和西欧也能生长得很好。菖蒲不是来自美洲，而是来自东亚。它从东方来的时间比伊乐藻的入侵要早得多。菖蒲大约是15世纪开始在东欧传播的；到了16世纪，它已经开始出现在如今的德国境内，后来又继续向西。有趣的是，菖蒲和伊乐藻一样，在我们这儿全靠无性繁殖，也就是靠出芽、根状茎的分裂等。它开花的频率非常高，但在俄罗斯的气候下永远都结不出种子。由于菖蒲长着细细的、光滑的剑形叶片，不懂行的人往往把它同莎草或生长在水边的禾类植物混为一谈；不过，只要仔细观察一下它的肉穗花序，很容易就会发现这是一种独特的植物品种。菖蒲现属菖蒲科，曾被归为天南星科。（*Araceae*），在莫斯科附近的植物中，属于天南星科的还有沼泽里很常见的马蹄莲（*Calla palustris*）。

　　开花的菖蒲的模样非常特别。支撑着肉穗花序的茎干几乎和叶子一样光滑，而绿色的套子（在马蹄莲上则是白色的套子）就像是茎干的延续部

[①] 　雄性的伊乐藻在加拿大也十分罕见，到了欧洲就只有植物园里才能见到了，据说在爱尔兰也偶然可见。它们在"水生瘟疫"的传播过程中没发挥半点作用。——原注

分。整体上看，就像是肉穗花序直接从叶子里长出来似的。

不过，我们还是回到菱角上吧。

很难说目前菱角的分布范围缩减得有多快。也许我们之后的几代人就不得不对它进行保护，防止它走向最终的灭绝。

读者朋友，如果你生活在菱角很常见的地方，请不要忘记生活在其他地区的爱好植物学的朋友，对他们来说菱角可是顶顶有趣的研究对象。要是你生活在没有菱角的地方，就试着去获得它的果实，哪怕只有几个也行。研究一下能在它身上观察到的变种。试着数数看，一百个或一千个菱角中不同变种的果实各有多少。或许你也会试着去种一种它。不错，这种有趣的植物确实值得关注，早在人类造出第一艘船的几百万年之前，它就已经把"锚"给发明出来了。

第十章　开锁草①

━━

---

① 据斯拉夫民间传说，是一种具有魔力的植物，能摧毁各种金属，打破墙壁和门，打开锁头等。

小时候我曾帮父亲收集植物，当时我怀着小孩子特有的幻想，总想着要找到点不同寻常的东西：要么是神奇的新花，要么是躲藏在密林深处、从未有人见过的上古植物，等等；我甚至梦想着发现一种从其他星球来到地球的植物（尽管那是威尔斯写火星人入侵的小说出来之前好久的事了[①]）。

不过，我的小脑瓜里却从未产生这样一个荒唐的念头：我从未想过要在"伊万之夜"[②]去林子里寻找"开锁草"——水龙骨的火焰花。早在我还骑着"竹马"去寻找植物时，我就知道了水龙骨根本不开花，它靠叶子背面长出的孢子繁殖。

在讲水龙骨时，父亲告诉我说：

"水龙骨不开花，但也有的水龙骨的孢子长在叶子的某些部位，看上去有点像花穗或花苞。咱们这儿有两种非常有趣的小型水龙骨都是这一类：一种叫阴地蕨（*Botrychium*），另一种叫一叶草（*Ophioglossum*）[③]。"

父亲把这两种水龙骨的图指给我看，然后又补充说：

"阴地蕨在咱们这儿很少能找到，而一叶草还从没人找到过呢。也许它并不是那么稀罕，只是很难发现罢了。你眼神儿好；要是能给我找个一叶草来就太棒啦！它一般长在潮湿的、苔藓很多的地方。"

找到一叶草的希望把我给迷住了，而且自然是迷得很深。我在适合它生长的地方走了又走，甚至是爬了又爬，但全都是白费功夫。直到第二年夏天，我才有机会初见一叶草，但首先发现它的并不是我机敏的小孩眼睛，而是父亲那双近视但经验丰富的眼睛。有意思的是，父亲意外发现第一棵一叶草的情形，恰好就跟以前某位植物学家发现它的情形一模一样。当时，父亲正在挖一株非常美丽的兰花（*Orchis militaris*——四裂红门兰），想把

[①] 赫伯特·乔治·威尔斯（1866～1946），英国著名作家，创作有大量经典的科幻小说。其代表作《星际战争》（1898）讲述了火星人入侵地球的故事。
[②] 即伊万·库巴拉节，俄历6月24日（公历7月7日），俄罗斯重要的民间节日。
[③] *Ophioglossum* 的字面意思是"蛇舌"。这个名字起得不怎么恰当，因为只有极少数长着双重孢囊穗的一叶草才像蛇的舌头。——原注

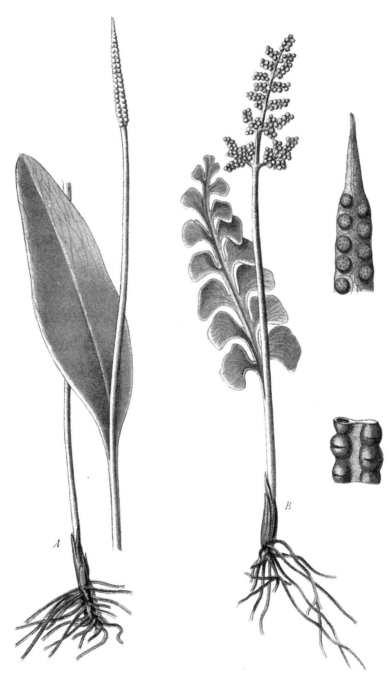

图 62　A 为一叶草 (*Ophioglossum*)，B 为阴地蕨 (*Botrychium*)。

它种到我家旁边的花园里，突然发现兰花带起来的土块里有一棵极小的一叶草[①]。

俗话说得好："万事开头难。"在下一次远足中，父亲一下就找到了一大堆这种独特的一叶草。仔细观察过一叶草后，我便开始时不时地发现它的身影，很快一叶草在我眼里就不再是诱人的稀罕玩意儿了。结果发现，原本以为是更加常见的阴地蕨，在我们这儿其实比一叶草还要少见得多。

在我上中学的头几年里，寻找水龙骨是我的专业和最喜欢的"运动"；因此，后来有人请我父亲收集一些更有趣的植物拿去出版，每种各一百个标本，父亲便把寻找一百棵一叶草和一百棵阴地蕨的任务交给了我。一叶草的任务本来就相对简单，何况它们经常大量丛生；而阴地蕨的进展就很不顺利了，就算有哥哥帮忙也无济于事。我们一天顶多只能找到三四棵；但要求是在短时间内找到整整一百棵呀。于是我们忽悠了一个过来做客的中学同学来帮忙。起初他还是个糟糕透顶的帮手。为了教他怎么工作，我们找了一棵阴地蕨，在它周围划了一小块地，说：

"这块地里肯定有阴地蕨，就跟你手里这个一模一样。找吧！"

我同学折腾了整整一个小时，用手把所有的草刨了个遍，结果还是没能找到——更奇怪的是，反倒把一堆跟阴地蕨只是有点沾边的植物拿给我们看。直到两天后，他才不知怎的开了窍，突然就学会了迅速分辨出混在其他植物里的阴地蕨，干得也不比我和哥哥差了，大大加快了收集一百个标本的进程。

我们这儿还有一种比较大的多裂阴地蕨（*Botrychium matricariae*，又称 *Botrychium rutaefolium*），但比小型的扇羽阴地蕨（*Botrychium lunaria*）少见得多。当少年时的我发现这种阴地蕨时，我高兴得就像钓到大狗鱼的渔夫，或是射中大狗熊的猎人。但我其实运气很好：我收集了足够多的多

---

① 一叶草经常长在 *Orchis militaris* 附近，这是因为它们适合同一类土壤。——原注

裂阴地蕨，不仅满足了父亲的植物收藏，还供给了他的许多植物学家熟人。

多裂阴地蕨在泥沼里就没那么罕见了，但也绝不能说是常见。后来，当孩童时的兴趣已经消退之后，我有一回在莫斯科附近一块泥沼旁的小空地上一下发现了22棵极好的植株。它们都大得不可思议；只有一棵没有超出 8～15 厘米的正常范围，剩下的都不少于 20 厘米，最大的有 32 厘米。我又相当仔细地观察了附近适合阴地蕨生长的地区，结果在方圆两三千米的范围内，只发现了另外一棵植株。近年来，我又对当地作了几次考察，连一个植株都没找到。据我推测，多裂阴地蕨只在个别地方比较常见，且只有某些丰年里才有[①]。

在小型水龙骨身上，植物学爱好者都能观察到许多有趣的现象，我想谈谈其中一种有趣的适应。观察一下孢子成熟期的孢囊穗，你就会发现，

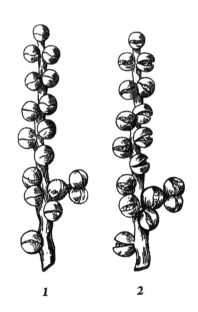

图 63　阴地蕨的孢囊：1.潮湿天气下，2.干燥天气下。

[①]　还有第三种大得多的阴地蕨——蕨萁（*Botrychium virginianum*）：它生长在莫斯科以北的森林里。这个品种我只见过它的标本。——原注

孢囊（也就是里面藏有孢子的球体）只在干燥的天气下开放，潮湿的天气下便会闭合。这种适应的目的不难理解：只有在干燥的天气下，干燥的孢子才能随风飘散。用放大镜观察孢囊，很容易发现，只要朝打开的孢囊呼口气，它就会关上。

在本章开头，我说自己从来没有（哪怕是孩童时也没有）寻找过神奇的"开锁草"；但我在这里跟你们介绍的也许正是这种"开锁草"呢。民间把阴地蕨叫作"钥匙草"。这种"钥匙草"不管在东欧还是西欧，自古以来就受到巫医和法师的格外关注；相传它具有各种神奇的力量。另外，根据古老的传说，水龙骨的火焰花能打开通往地下宝藏的通道，因此被认为是寻找隐藏的黄金的特殊"钥匙"①。

① 在某些地方，其他品种的水龙骨也可能被赋予这种"荣誉"。就比如那"黑根"水龙骨吧，它的最后一棵植株不久前被一个巫医挖走了，并当作"魔法"植物卖了高价。——原注

第十一章　谈谈松果

——

日常的语言和植物学家的语言

有谁不认得松果呢？西伯利亚人开玩笑地把它叫作"我们西伯利亚人的口才"，意思是说，当他们觉得无话可说时，便会拿出一个松果来啃。按医生的说法，这种做法并不怎么聪明，甚至还有害：但某些医生在这样批评后往往就伸手去拿烟，这种人是很难让我信服的。专业的植物学家倒是不介意和我们一起啃啃松果之类的坚果。但要是请他从植物学的角度谈谈松果呢？他首先会告诉我们，这些松果从本质上说……既不是"松"……也不是"果"？

为什么不是"果"呢？植物学家会给我们"坚果"的定义：坚果是一种包有木质外壳的果实，里面有种子、胚芽和胚叶，仅此而已。普通的榛子是符合这个定义的；但核桃和杏仁在植物学家看来已经不是坚果了，而是去掉了果肉的果核；巴西栗是种子，花生是豆子[1]，如此等等。那么，松果到底是什么呢？它只不过是个种子，里面除了胚芽外还有作为胚芽营养储备的蛋白质。植物学家切开了松果，把胚芽指给我们看——那是个小小的茎，上面连着个分成 10 片胚叶的小脑袋。胚芽用肉眼也能看见，但最好还是有个小放大镜来看。这样的胚芽可以长成一棵大树。你可以试试种松果，哪怕是种在花盆里也行。这种松果通常很久都不发芽，得拖个一年以上；但你最终还是能种出一棵树苗，样子与许多种针叶树的树苗都非常相似。

"好吧，就算它不是坚果而是种子好了；可为什么说它不是'松'呢？这难道不是雪松的种子吗？"[2]

"你所说的雪松或西伯利亚雪松，在植物学家看来其实是松科（*Pinaceae*）

---

[1]　花生属于豆科（*Leguminosae*）。

[2]　俄语中的"松树"称为 сосна，"雪松"称为 кедр，"松果"称为 кедровая шишка（直译是"雪松的""球果"），下文的"类雪松"原文作 кедровая сосна（直译是"雪松的""松树"）；这些差别在汉语中都无法反映，因为汉语对"松树"和"雪松"这两种植物的区分不明确。在此加以说明。

的一个种，拉丁语叫作 *Pinus*。我们常见的松树是 *Pinus silvestris*，也就是'林松'；而西伯利亚雪松是另一种松树，*Pinus sibirica*，也就是'西伯利红松'。"

"那这个物种凭什么不能叫雪松呢？"

"这个名称可能导致混淆，因为还有另一种完全不同的针叶树，连植物学家也把它叫作'雪松'——*Cedrus*（学名叫"雪松属"）。"

"那西伯利亚雪松要怎么命名才更合理呢？总不能老用你们的拉丁学名来称呼吧？"

"最合理的是管它叫'西伯利亚类雪松'。这种树单是一点就值得我们关注：在我们享用的各种坚果和植物种子中，只有榛子和这种'松果'是我们北方大自然的孩子。核桃只在我们这儿的南方生长[①]，巴西栗自然是从巴西来的，花生同样原产巴西，尽管在许多温暖的国家也早就有种植了，包括中亚和高加索；这是豆科植物中最有趣的一种，它能自己把果实种到地里！向日葵和南瓜来自美洲，西瓜来自非洲，开心果来自西亚和中亚，等等。这些植物中每种都能讲好多好多有趣的故事；但这回我们只谈谈俄罗斯产的西伯利亚类雪松。"

西伯利亚类雪松

据植物学家统计，约有 70 种不同的松树。西伯利亚类雪松是与普通的松树相差甚远的种类。前者的松针颜色更深，且粗得多又长得多。此外，普通的松树每束松针有两根，西伯利亚类雪松通常有五根。西伯利亚类雪松的松果要大得多、沉得多。与其他松树不同的是，这些松果成熟时会自动脱落，和冷杉的球果一样。普通的松树种子很小，长着大大的翅膀，而西伯利亚类雪松的种子很大，即使有翅膀也是小小的，很不发达。后面我

[①] 在中亚的山里，有些地方能见到一种坚果林，其果实与核桃非常接近，也能产出能吃的"坚果"——也就是果核。——原注

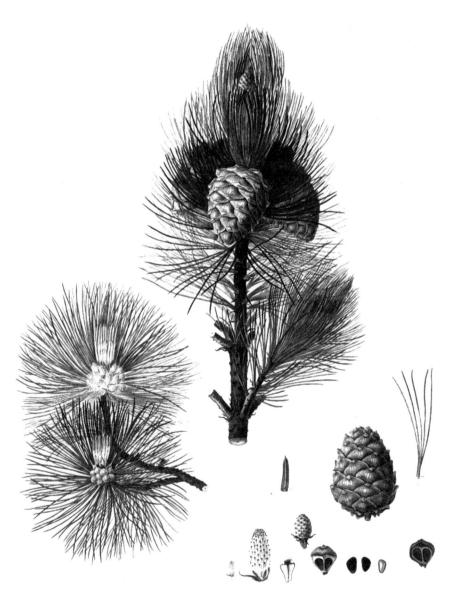

图 64　西伯利亚类雪松。

们还会重新谈到这种有趣的特点，这里先指出，俄罗斯和西欧的类雪松有几个种类。其中最常见的是我们的西伯利亚"雪松"，在乌拉尔山以西的部分地区也能见到。暮年的西伯利亚类雪松是 35 米乃至更高的参天大树。西欧山地分布的类雪松属于另一个种——瑞士五针松（*Pinus cembra*）；这种松树要小得多，长到一百岁也只有 12 米高。有些活了几个世纪的植株能长到 20 米以上，但这已经是极其罕见的个例了。

远东地区还能见到一个近亲物种——满洲类雪松，其特点是奇大无比的松果和高高的个头。

图 65　西伯利亚类雪松和欧洲类雪松。

第四种非常独特的松树生长在西伯利亚的山地和堪察加半岛[①]，是一种沿着地面生长的低矮灌木，具有适应严酷气候的能力。

大自然的鬼斧神工

我们来仔细看看，在炎热干燥的天气里，长翅膀的种子是怎么从普通松树的成熟松果上掉下来的。种子快速旋转着；小翅膀形成了一个降落伞，极大减缓了下落的速度。只要有一丝微风，种子就会离开母树飞到很远的地方，漂亮地达成目的。大自然这精巧的飞行发明令我们叹为观止。

但在我们面前的并不是普通的松树，而是类雪松。容易脱落的小翅膀根本就当不了降落伞，要它还有什么用呢？这小翅膀让植物学家很感兴趣：它其实是揭示出各种松树的血缘关系的又一个证据。可它对类雪松又有什么用呢？类雪松之所以长这个小翅膀，纯粹是出于遗传下来的古老习惯，但这个习惯如今已经失去了意义。这里的大自然就像我们的裁缝，为了"赶时髦"而在袖子上做出假的袖口以及毫无用处的纽扣。这个没有意义的设计其实是古代的衬衫的残余，因为当年的衬衫袖子是卷起来的，上面还有用扣子扣起来的开口。

在其他种类的松树上，小翅膀的结构又是怎样的呢？哪怕只是粗略地看一看也挺有意思。举例来说，我们可以比较一下普通的松树（*Pinus silvestris*）、北美乔松（*Pinus strobus*，这种松树的针叶很漂亮，长得又很快，所以常常种在我们的公园里）以及高大的喜马拉雅松（*Pinus excelsa*）[②]。就这三个物种而言，种子越大，翅膀也就越大。

[①] 俄罗斯西伯利亚东端半岛。
[②] 本章中提到的所有松树以及其他许多种松树（30多种），植物学爱好者都可以在雅尔塔的尼基塔植物园美丽的园子里看到。——原注

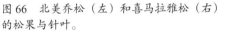

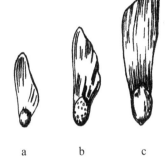

图 66　北美乔松（左）和喜马拉雅松（右）的松果与针叶。

图 67　松树的种子；a.普通的松树，b.北美乔松，c.喜马拉雅松。

情况总是如此吗？我们再来看看意大利五针松（*Pinus pinea*）。你应该认识这种松树，起码见过它的图片：几乎所有画意大利的风景画上都能看到它那伞状的树冠[①]。它的球果很沉，呈鸡蛋形，可达 12 厘米长。它的种子在意大利非常受欢迎，就跟"松果"在西伯利亚受欢迎一个样。可球果的翅膀非常小，跟整个种子的大小和重量完全不协调。这翅膀到底有什么用呢？

来自加利福尼亚的灰松（*Pinus Sabiniana*）有更大的种子，在观察它的种子时，我们大概也会产生类似的疑问。这种松树的针叶很长，球果很大（差不多跟人的脑袋一样大），上面满是尖刺，是南方公园中的一种装饰性植物。可是，这里还有所谓的西藏白皮松（*Pinus Gerardiana*）呢。这种松树原

---

① 由于二者形状相似，那不勒斯人把平静天气下维苏威火山口冒出的烟柱也叫作 pino（意大利语，"松树"——译注）。——原注

图 68 意大利松（*Pinus pinea*）。

产于喜马拉雅山，可以生长在最贫瘠的土壤中，还能很好地忍耐干旱。打开这种松树的球果，看看里面的种子。我们根本就找不到小翅膀的踪迹[①]。

人眼是大自然最精密的作品之一；可光学权威亥姆霍兹[②]却有足够的理由表示：

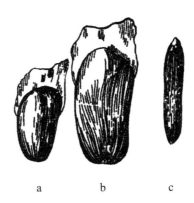

图 69 松树的种子：a.意大利松，b.灰松，c.西藏白皮松。

"假如光学仪器作坊给我送来的仪器也有这么多缺点，那我肯定会把它打回去修理。"

因此，即使在松树种子的构造中发现了缺陷，我们也不必感到惊讶。这样的缺陷表明，大自然的作品始终在自我完善，始终在努力适应变动不居的生活条件，而生活条件的改变可能是逐渐的，也可能是灾变的，可能是演化的，也可能是变革的。

会不会有那么一天，种子的结构缺陷终于影响了松树，比如说类雪松的生存和扩散呢？这个问题很难回答。类雪松的分布地区是在不断变小，但其中的主要原因并不是松树的缺陷，反而是它的优点；正是这些优点给它招来了斧锯之灾。

---

① 也许是能见到某些细微的痕迹的；但我个人不管怎么努力，不管是用肉眼还是用放大镜，都找不到半点痕迹。——原注
② 赫尔曼·冯·亥姆霍兹（1821～1894），德国著名物理学家、数学家、生理学家。

真正的雪松

读者朋友，为了亲自了解真正的雪松，我们一起去尼基塔植物园逛逛吧。在那里我们能看到一片美妙的黎巴嫩雪松（*Cedrus Libani*）。这片树林是 1814 年种下的，当时是在一片宽阔的空地上，可很久以前它们就开始相互拥挤了；自由生长的古树该会有多美丽呀！生长在尼基塔植物园的雪松约有 140 岁，可以说还是雪松中的小毛孩，因为它们足有两千乃至三千年的寿命呢。但你看看雪松那几乎是横向伸展的枝条，看看那壮观又宽大的如盖绿荫！它的树枝有时能长到 12 米以上呢[①]。

雪松附近通常能找到许多种子，要多少有多少，是从成熟散落的球果里掉出来的。这些种子一点儿都不像"松果"：它们要小得多、轻得多，还长着又大又牢固的翅膀。雪松并不是很高大，但横向长得非常宽，所以没翅膀的种子根本就不适合它。夏初，雪松附近可以看到不同发育阶段的年轻树苗。观察这些能活上千年的雪松的最初时光是件非常好玩的事情。

我还想提一提自己在古尔祖夫公园见过的两三种雪松。它们的样子比尼基塔植物园的雪松要苍老得多，很可能已经远远不止一百岁了。

古尔祖夫人爱给来访的游客看"普希金悬铃木"——一棵三球悬铃木（*Platanus orientalis*）；据说大诗人很喜欢在这棵树下休息，同时欣赏远方的海景。不错，这棵悬铃木是很壮观；但悬铃木长得很快呀。"普希金悬铃木"看上去只比一棵已知是 70 岁的悬铃木（在尼基塔植物园）稍老一点。应当认为，"普希金悬铃木"大约只有一百岁。而在普希金生活的古尔祖夫的年代（1821 年），这棵悬铃木只能是种子。在我看来，要是说古尔祖夫亲眼见过普希金的植物，那就是古尔祖夫公园里最年长的雪松了。

---

① 除了黎巴嫩雪松，还有一种生活在北非海岸的阿特拉斯雪松（*Cedrus atlantica*），以及一种喜马拉雅雪松（*Cedrus Deodara*）。南欧的花园里可以看到这三种雪松，偶尔还有它们杂交的后代。——原注

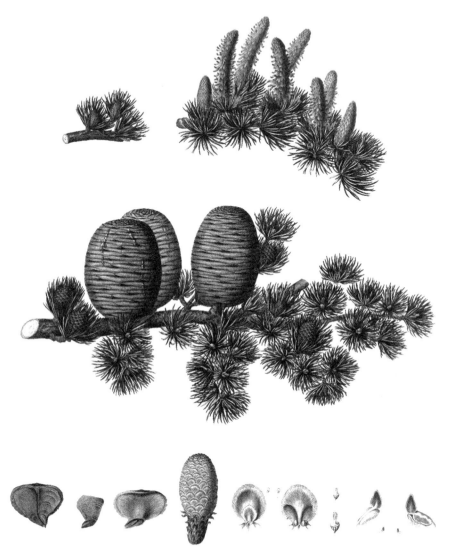

图 70　黎巴嫩雪松（*Cedrus Libani*）。

　　雪松无法在俄罗斯北方生长。由于雪松的针叶很有特点，到了南方的北方人常会误以为它是阔叶树，等看清了形状和颜色都很独特的巨大球果（直径可达 10 厘米）后，才会明白这是一种全新的植物。

图 71　黎巴嫩雪松巨大植株。

第十二章　植物界的怪胎

这里说的"怪胎"绝不能理解成什么特别丑陋、令人生厌的植物。不，我所说的"怪胎"只是在某些方面与正常的植物有所偏差。之所以要讲讲"怪胎"，是想引起读者朋友的兴趣，引导各位去观察、收集和记录这一类事实（有时还是非常罕见的事实）。正是在这个方面，专家学者没有业余爱好者的帮助就寸步难行。这在很大程度上取决于运气：一小群爱好者在一个夏天里发现的有趣材料，一名植物学家也许一辈子都找不到。业余观察还有另外的价值：有些异常在某些地区极其罕见，在其他地区（有时是很小的地区）却相当常见，简直就成了常规而不是例外了。从这层上说，还远不能说俄罗斯的植物得到了充分的研究。

我先从几种引人入胜的"怪胎"谈起。

异常的丁香

有谁不曾在 5 月里观察盛开的丁香，在芳香的枝条上挨个寻找五瓣儿的花朵呢？

正常的四瓣[①]丁香花里有一定比例的三瓣、五瓣、六瓣、七瓣等的花朵。这个比例有多大呢？我想，几百朵正常的花里才会出一朵三瓣儿或五瓣儿丁香，这样说是不会有错的。此外还应认为，对六瓣、七瓣、八瓣等的花朵而言，基本上是花瓣越多就越罕见。按常理推测，八瓣儿丁香（正常花瓣数的两倍）应该比六瓣或七瓣的常见；而据我所知，这个推测是不符合实际的。异常的丁香最多能有几片花瓣呢？十二瓣的相对还不太难找。而我个人见过的最大的丁香有十八片花瓣[②]。这朵花呈不规则的椭圆形，整个中央部分都挤满了雄蕊黄色的柱头，不是正常状态下的两条，而是整整一束，让它看上去就像是菊科植物的花盘。

---

① 本质上说这并不是"花瓣"，而是分裂的花冠的各个部分；但我们就不抠这个不准确的地方了。——原注
② 我的一个熟人说她见过二十四瓣的丁香。——原注

图 72 丁香。正常花、五瓣花和十八瓣花。

不知为什么，我从小就有这样一种想法：白色的多瓣丁香比紫色的常见。这个念头持续了很久，但后来有一回我试着进行验证，在大量的丁香枝上做了统计，结果发现紫色丁香稍占优势（优势很小，应该只是偶然）。之所以会有这个偏见，可能是因为白丁香里更容易看出异常的花朵。前述的十八瓣丁香是紫丁香。

在普通的丁香里，多瓣花的比例与花冠的颜色无关，但显然在一定程度上取决于丁香的品种。所谓的"波斯丁香"的异常花相当常见；相反的是，在颜色很深、几乎没有香味的"匈牙利丁香"中极少能见到三瓣儿或五瓣儿的花朵。

绿花三叶草

白三叶草的花冠一般是白色的，但有时会长成一束小小的三重叶，这样的花冠依然是正常大小，只不过是绿色的。这种异常说明花冠上的花瓣其实是变异的叶子。我听其他植物学家说，三叶草的这种异常并不罕见；但我个人只见过三次这样的三叶草：两次在莫斯科附近，一次在黑森林[①]。三次都是见到长在一起的若干植株，彼此间的距离不超过50步。尽管我见过的红三叶草（在田里）植株远远多于白三叶草，但我从未在其他种类的三叶草上见过这种异常现象。

图73　正常的三叶草与四片叶子的三叶草。

槭树的翅果 [②]

有一次，我碰到了一棵被暴风吹折的槭树（我们这儿最常见的是挪威槭，*Acer platanoides*）。我在折断的树枝间翻检还有点发绿的翅果串，发现里面有一些三翅果、四翅果和五翅果，甚至还有一个六翅果。以前我只是偶尔见到三翅果和四翅果；这里我每翻检二十串果子，就能发现两三个异常的翅果。也许这是一棵特别"怪异"的槭树，也许当年的槭树特别多产——具体我也不清楚 [③]。

---

①　德国南部森林地区。
②　果实的一种类型，其子房壁长有翅膀状附属物，令整个果实可以顺风传播。
③　通过后来对槭树的观察，我相信的确有些植株（各个品种的槭树都有）特别容易产生这样的多实现象（也就是多果）；但这样一来，我就与最优秀的槭树专家施维林的权威意见相抵触了，他断言多实纯粹是偶然的现象。通过对某类槭树持续多年的观察，业余爱好者也许能帮忙弄清这个问题。——原注

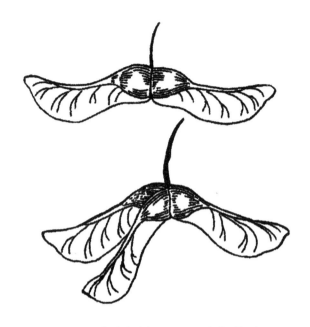

图 74　正常的槭树翅果，三瓣的槭树翅果。

要观察异常的槭树翅果是很不容易的。挂在树上的绿色翅果很难看清楚；等到秋天它们掉下来时，不管是正常还是异常，都会裂成几个单独的种子，每个种子上挂着一片翅膀。顺带说一句，这个翅果降落时会快速旋转，碰到一丝风就会往旁边飞去，植物学爱好者有机会可以观察下它的构造是多么巧妙。你可以试着制作一个人工种子，它飞起来跟自然的种子一样好，这样就能感受到这个"降落伞"是多么完善了。

异常的缬草

我们这儿经常能见到缬草（*Valeriana officinalis*，也就是"药用缬草"[①]），早在童年时我就被它吸引住了。我为了各种目的采集缬草：或是当

---

① 缬草的种加词 *officinalis* 在拉丁语中是"药用的"的意思。

图 75 缬草（*Valeriana officinalis*）：
a.正常植株，b.异常的三叶轮生植株。

作一种漂亮的香花用在花束里，或是拿给擅长自制药物的老奶奶，或是当作小孩子的消遣。我还把缬草根拿给小猫，只见它闻一闻、舔一舔这缬草根，便快活起来，跟喝醉了似的[①]。等长大一点后，我为父亲的植物收藏采集了许多缬草。缬草的有趣之处在于有不同的变种。它的花的颜色从纯白到深粉红色都有；但这个特征植物学家一般不怎么关注。更重要的是形态和叶子位置的变异。缬草叶一般是对生叶（也就是两片相对的叶子），但也有互生叶的（也就是螺旋分布的叶子），此外还有轮生叶，每轮三片叶子。当年，寻找这最后一种稀有的变种便是我的专业[②]。

云杉果的怪胎

在为学校的博物馆收集珍奇植物时，我的学生在一个花园里找到了一棵长叶云杉（*Picea morinda*）[③]，树上长满了云杉果，一个个都非常古怪；所有的果实都很不发达，且只有很少的一部分含有种子。原因可能是 1921 年

---

① 缬草的提取物具有镇静作用，能压抑神经系统的活动，而醉酒是中枢神经受到抑制的表现。
② 不久前，Г.К.克莱耶尔（1887～1942，农艺学家——译注）对俄罗斯的缬草进行了精心栽培。结果发现，俄罗斯的欧洲部分并不只有一种缬草（*Valeriana officinalis*），而是有五六种，其茸毛、根系特点、叶片以及其他特征都各有不同。——原注
③ 今名 *Picea smithiana*。

的极度严寒，但当年其他的长叶云杉都结出了正
常的果实。这棵树第二年又长出了什么样的果实
（第二年的冬天很暖和）——这我就不清楚了，因
为我已经搬到其他地方去了。

三片儿核桃

图 76　正常的长叶云杉
（*Picea morinda*）果和异
常的长叶云杉果。

记得在 1921 年，我的一个学生给我拿了一个核
桃；她注意到这个核桃不同寻常，果壳不是两半的，
而是三片儿。这种极其稀罕的果实我以前从未见过，
后来也没见过（我都见过多少核桃了啊），后来被捐
给尼基塔植物园的博物馆了[1]。

图 77　三片儿核桃。

读者朋友，也许你有幸找到了这样的核桃呢？把这种核桃种下去，培
育出"三片儿"的幼苗，想必是件很有趣的事情吧。

多头蒲公英

夏初，到处都是金黄的药用蒲公英（*Taraxacum officinale*）。要是仔细

---

[1]　这件事过后很久，我才在古贝纳提斯（1840～1913，意大利语文学家——译
注）的《植物神话》里找到了一项说明：早在古代，人们就发现了三片儿核桃，并
把它当作财富和丰产的象征。——原注

观察的话，偶尔能在几千棵药用蒲公英中发现几棵双头或三头的蒲公英，确切说是一条茎上长着两三个花盘的植株。这种植株的茎有时只是有点粗，有时明显就是两三条茎长在一起形成的。

有一回，我碰到一棵至少由 8 个花盘和 8 条茎融合而成的多头蒲公英。原本的茎变成了一块上宽下窄、遍布沟纹的板子，花朵形成了一把大大的椭圆形"刷子"，上面只有一个花盘，但比一般的花盘长 5 倍。这可真是个不折不扣的"怪胎"了。

无舌蒲公英

与多头蒲公英相比，花朵上没有正常的黄色花舌的蒲公英就常见得多了。这种植株的花头是绿色的，通常会长得很大，在正常的植株中一目了然。有非常充分的理由表明，无舌花是所谓的"返祖现象"的一个例子，也就是说，如今的蒲公英呈现出了其远古祖先的特征。这种现象有时在婴儿身上也能看到：生下来浑身长毛或带着小尾巴的婴儿便是发生了返祖现象。

五距 ① 柳穿鱼

仔细观察柳穿鱼（*Linaria vulgaris*）的花朵，看看蜜蜂和小熊蜂钻进花里寻找花蜜并完成传粉，就不能不惊叹于这种双唇长距花的构造细节之精巧。这种花偶尔也有两个或三个花距的；但更常见、更有趣的是五瓣儿的柳穿鱼，其花瓣上可能各有一个花距，也可能没有花距。植物学家把这种花叫作整齐花，区别于通常的两侧对称花。这种柳穿鱼和无舌蒲公英一样，

---

① 花距，某些植物的花瓣延伸形成的管状结构，内有花蜜，有选择特定传粉昆虫的作用。

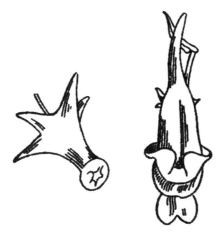

图 78　柳穿鱼（*Linaria vulgaris*）的正常花（两侧对称花）和异常花（整齐花）。

都是返祖现象的结果[①]。

*　*　*

　　各种各样的植物"怪胎"可以无限地列举下去，但我们先到此为止吧，我做这一章只是为了鼓励各位去观察植物界的"怪胎"。

　　"怪胎"能说明很多问题。它让我们想到了植物永不停息的生存竞争，只有最适应生活条件的植物才能从中占据上风。

---

① 许多植物的正常花是两侧对称花，而异常花是整齐花，这种现象叫作"异常整齐"。异常整齐花通常长在花序的顶端。——原注

第十三章　受伤的植物

——

有益的伤

　　了解一下两三千年前我们的祖先对自然界的观念，便会发现他们把正确的、有时还相当细致的观察与非常奇怪的偏见和幻想的解释混在一起，实在是令人惊奇。植物和动物一样有雌雄之分，这个事实早在远古就有人在某些植物上注意到了。

　　生活在地中海南岸、小亚细亚和阿拉伯地区的民族，自远古时期就开始种植海枣（枣椰）树，这种植物从古到今都是数百万人的口粮。海枣是一种雌雄异株的植物。即便只从表面上看，雄树和雌树的花序也有着截然不同的总体特征。雄树不结果；但早在远古时期，知识丰富的主人就懂得要爱惜和栽培雄树，知道它并不是没用的"无实花"，而是拥有能令雌树结果的雄性因子。没有雄树的海枣林就结不出果子，但人类根据代代相传的

图 79　3500 年前的古代图画上的海枣（*Phoenix dactylifera*）雄树和雌树（雄树上没有画出花序）。

经验，早在数千年前就知道了如何把"守寡"的树林变得多产。人们从雄树的侧面剪下一小丛雄花，再把它带回自己的林子，系在开花的海枣的树冠上。在这个例子中，现代的植物学家和园艺师只能对古人的心灵手巧感到惊叹不已。

但我们再来看另一种栽培历史可能比海枣还要久的植物，那就是葡萄。古人同样把甜美多汁的葡萄串儿当作"爱情之果"，但他们并不清楚葡萄的两性花构造与习性的奥秘；他们以为，葡萄是葡萄藤与它缠绕的树木的爱情结晶。因此，为了收获大量的优质果实，古人建议选择"富于男性气概"的强壮大树，比如说结实的榆树来当葡萄藤的支撑物。

我们的祖先怎么就没发现，不仅是活生生的树木，就连干枯的木桩、石墙和绳索也能充当葡萄藤的良好支撑，根本不会害得葡萄结不出果呢？这在今天的我们看来实在是匪夷所思。尽管如此，关于树木与葡萄藤的偏见依然持续了很长时间，且非常顽固。万一葡萄藤的产量下降，就会被解释成它一刻不停地拥抱着自己的"丈夫"，已经"筋疲力尽"了……为了改善这种情况，有人建议让葡萄"休息休息"；把葡萄藤从树上解下来，放在地上"休息"一段时间。

"怎么能这样胡闹呢！"——读者朋友，你可能忍不住要喊出来了；但先别急着笑话他们！

古代的葡萄农认为葡萄"因爱而累"的观念自然是荒唐透顶；但人们给葡萄的"休息"是不是真的没有半点好处呢？也许是有好处的：但关键恰恰不在于休息，而在于"惊扰"，也就是这一过程中令葡萄藤受了伤。现代的葡萄农为了收获优质的葡萄，会对自家的葡萄藤进行不少破坏：晚秋或早春时要修剪花芽，只留下几个花芽，有时只剩两个；开花后要打尖，也就是剪掉新花芽的顶端；花芽要缠起来，难免会有些卷曲。既然这些操作对结果无疑是有好处的，那古人让葡萄"休息"的做法怎么就不能有用呢？

"白桦被锋利的斧子砍伤"①

谈到受损或受伤的植物会开出更多花朵、结出更多果实的问题，我回想起遥远的童年时代的一个场景。

当时的我还是个小孩子；有一年春天，我去找老农格里高利大叔。

走近大叔的小屋，我发现了件新鲜事：小屋前的花园里有 6 棵年幼的白桦；树干已经发白，而年轻的叶子依然鲜嫩闪亮。

"你好啊，格里高利叔叔！你的白桦长得可真好！"

"哈，还行吧。我秋天里从林子里弄来的。以为已经大了，大概生不了根了，可你瞧瞧，它们长得还挺有劲！"

"瞧，这棵多强壮！整棵树都开花啦！"我指着一棵挂满黄绿色穗儿的白桦说。

"唉，小家伙，你不明白。它开花不是强壮，而是生病啦；它出毛病了。不知是我自己不小心拿铁锹碰到了，还是邻居的孩子搞恶作剧，想从它身上挤点树汁——你看，这儿破了。"

格里高利大叔指给我看，离地不远的树干上有一块缠着浴巾、糊着烂泥的地方。

"我给它糊上了，但还是觉得要坏事。"

农民大叔担心得有道理：还没到夏末，这棵白桦就枯萎死掉了。

"你以为这白桦很强壮？"格里高利大叔对我说，"小家伙，它不是有力气开花，而是要死了才开花呀。"

_____

① 出自俄罗斯诗人 A.K. 托尔斯泰的同名诗作（1856）。

"受伤"的树木

我曾多次见到受伤的树木提早、大量、不自然地开花。举个例子，你走在一条两旁种满椵树的路上；椵树还很年轻，上面的花还不多；但你突然发现有两三棵披着特别华美的"花衣裳"。走近看看便常会发现，这些椵树中只有它们几棵出了问题，要么是给过路马车的轮轴刮到了，要么就是受了什么其他的伤。

有一年秋天，我路过一片不久前刚砍过的树林。护林人的小屋旁只剩一棵枝繁叶茂的橡树。

我们这儿的橡子通常是三年一丰收，当年刚好赶上大丰收。附近的树林里都有许多橡子，但"办事处"边上的这棵橡树长满了果实，我以前从未见过，以后也没再见过这么多橡子。目测这些橡子比正常的要多上十倍。仔细查看这棵橡树，我发现树干下端有几道深深的斧痕。

可能最早是想砍掉这棵树的，但后来决定把它留下来，在"办事处"边上充当来客的拴马桩。

有一回，我去莫斯科附近的朋友的别墅度假。我们在别墅的道路上走着，看见一道篱笆后有一排年轻的松树。其中有一棵长着特别多的松果。

"你看看这棵松树，"我对我的朋友说，"它应该是受伤了。"

"你怎么知道？"对植物学毫无兴趣的朋友反问道。

"咱们打个赌吧。我来这儿是第一次；我的眼神没你的好使；但我还是远远就看出来，这棵松树受了伤。"

我们走到篱笆跟前。

"树上根本就没有伤嘛。"朋友说。

我又走近了点，仔细查看透过篱笆能看到的所有地方；哪儿都看不出伤痕。我们退开了几步；朋友突然说：

"你说得对！看树上是什么！"

从侧面才能看见，松树的后面钉着一枚大大的钉子，上面缠着一条很粗的铁丝，方向跟篱笆平行，大概是用来拴看门狗的。

我还见过一棵老白柳。它有一条差不多是从根部直接长出来的巨大树枝，却被风吹折了掉在地上；但树枝依然与树干和树根连在一起。到了春天，这根树枝上的花穗儿比树上其他地方都要茂密得多[①]。

我还能回想起许多这样的例子，但也能想到一些例外。有的时候，花多得不正常的树上并不能找到伤口；相反的情况也有，有时会碰到受伤的树，依然与正常的树一样开花。但在我看来，这些只是罕见的例外。

一般来说，受伤的树很快就会枯萎死去。现在许多城市都在进行绿化，数百万劳动者、中小学生和少先队员都投身于扩种和保护绿色植物的事业之中——每一棵树，每一丛灌木都应当得到细心的呵护。你要知道，绿色植物对我们来说并不是奢侈品或只是装饰品，它们是我们建设祖国必不可少的伙伴，而绿化也是改善居民生活条件的重要措施。因此，保护树木不受伤害——这是一项崇高的任务！

受伤的植物依然能正常生长的情况很少见。我尝试过在文献中寻找这种现象的相关介绍，但我找到的书中不仅没有相关解释，甚至根本没提到过这种现象。

有一次，我问搞植物学的哥哥知不知道有什么相关研究。哥哥告诉我说：

"这方面的学术著作我还没碰到过。总的来说，这种现象是植物机体对外部因素的一种反应，最终能为植物提供尽快产生后代的机会。对这里面的细节更感兴趣的恐怕是园艺师，而不是植物学家。当然，园艺师有时会尽可能让植物开出更多的花、结出更多的果，哪怕是以植物部分的健康为代价也行。果树的剪枝和'更新'就是出于这个目的。"

[①] 有一个令人印象深刻的例子，是我从室内植物的爱好者、博物学家 A. Φ. 帕夫莎那儿听来的。她的花盆里长出了两株原本一模一样的年幼柏树。自从其中一棵的顶端受伤后，它就总是提前大量开花。——原注

重获青春的橘子树

以下是报纸上的一篇报道：

"橘子的寿命与人类的寿命相当。25～30岁的橘子树是盛年。50岁的橘子树开始衰老。70～75岁去世。

但也有这样的情况：橘子树在年富力强的时期就死去了。茂盛的树冠突然开始枯萎，新的枝条也不再生长，果子越变越小、越来越少——最后只好把树砍掉。

能否拯救那些根系染上绝症的树木呢？

事实上是可以的！

学者 H. B. 雷恩金与园艺实践家亨利松合作，在1934年的春天做了个有趣的实验。雷恩金选了30棵根系半受损的树木，然后对每棵树进行了独特的更新手术。

首先要知道：橘子树和其他果树一样，是嫁接到砧木①上的。这里的砧木就像一台水泵，为作物输送大地的生命之水。'水泵'的破坏必将导致整棵植物的死亡。雷恩金做的手术就是试着对'水泵'进行更换。

他在病树下的土里种下新的小砧木。把砧木尖剪掉：在稍高于树干受伤部位的地方开个小口，往小口里插入剪掉的砧木尖，然后把连接处糊上并包扎好，就像普通的嫁接一样。

他的考虑是这样的：病树获得了这么别出心裁的'假肢'，起初会把它用作一台额外的'水泵'，后来就会把它当成木茎（主干）了。

对病橘子树的30次手术都大获成功。几乎所有的新砧木都接到了老树上，开始为它们'工作'。病得最厉害的树上同时嫁接了两个砧木：到后来还能看出，橘子树的哪只'脚'被留了下来，哪只'脚'被'截掉'了。"

---

① 嫁接时承受另一个植物的接穗的植株。

双层的柑橘 [①]

我有幸曾和雷恩金进行过交流，希望从他本人口中听到，他是怎么把新的砧木——"假肢"嫁接到受伤的橘子树上的。真是个别出心裁的聪明点子！这些研究对于扩大柑橘种植具有很高的实践价值。但这从理论角度看也是很有趣的，因为其本质在于把树冠或其他部分从旧的砧木移植到年轻的新砧木上。老树在"新基"上适应得怎么样呢？这个可是值得研究的问题！

尼尔·瓦西里耶维奇·雷恩金还向我介绍了另一个有趣的发明，也就是他在高加索培育的所谓"双层"柑橘作物。柑橘作物（特别是橘子）在高加索的种植已有 20000 公顷；1935 年收获了 2 亿枚果实，1947 年 12 月采摘了 6.85 亿个橘子……

可问题就来了！我们知道，高加索的天空下长得最好的是科尔希达橘子；它们的忍耐力最强。而柠檬和橙子在俄罗斯的气候下就过得很惨了。这些来自温暖的地中海的植物实在是太娇气了。这也就是为什么俄罗斯约 95% 的柑橘种植都是橘子，柠檬只有 4%，橙子只有 1%。

于是雷恩金开始思考：能不能让柠檬也在冬天没有遮蔽的露天土地上生长，让娇嫩的柠檬树熬过严酷的冬寒呢？柠檬在 -4℃ 的温度下就已经要冻死了，而高加索的沿海地区都常有更严酷的冬寒。到底该怎么办呢？

"我不打算在露天土地上直接种柠檬，"尼尔·瓦西里耶维奇说，"而是决定利用比柠檬更耐寒的柑橘作物，首先就是成熟的橘子树。我在低矮耐寒的橘子树的树冠顶部嫁接了一个柠檬芽，它开始长出幼苗。这样的幼苗不需要自己有根，因为橘子树强壮的根系和浓密的叶子将会为它服务。"

"柠檬苗长得特别快。"尼尔·瓦西里耶维奇继续说道，"过了一年半，这个幼苗已经变成了一棵 1 ~ 2 米高的开花小树，嫁接后两年，我们已经

_____

① 这里指柑橘属（*Citrus*）的植物，最常见的有四种：橙子、橘子、柠檬、柚子。

从树上收获了第一批柠檬。这棵柠檬树就这样一直生长在橘子树上，成了一棵货真价实的'双层树'，每年都能从'上层'收获柠檬，从'下层'收获橘子。"

这已经够了不起了！但更重要的是，雷恩金的柠檬树耐寒能力要强得多，何况最冷的空气一般也最重，所以会聚集在底部的地表附近，而高处的"二楼"会更暖和……

图 80 "双层"的柠檬橘子树。

诚然，把橘子树变成"双层"的柠檬橘子树，这会导致橘子的产量略有减少，但柠檬的产量弥补这个损失还绰绰有余。顺带说一句，人们发现"双层树"结的柠檬还有一个神奇的特点。树上生长的柠檬的模样和味道都跟普通的柠檬一样，但大小和重量都是普通柠檬的 1.5 ～ 2.5 倍。

把不同种、不同属乃至不同科的植物嫁接在一起，这当然不是什么新鲜事了。早在很久以前，花卉栽培师就发明了把几种不同的玫瑰种在同一根茎上的手法，这样的茎开花时就像一个五颜六色的玫瑰大花束。

对"受伤"植物的观察和实验启发了实践的奇思妙想，我觉得它同样能为业余爱好研究者提供不少有趣的材料。细心的读者很容易在各种地方注意到受伤的树开花的特点。若能进行准确的观察记录，或许还能阐明某些规律和新的细节。要是能做些有计划的实验，应该就能弄清许多问题。当然，我绝不是建议读者带上斧头去林子、花园或林荫道，砍伤那里的树木再观察开花的情况。这样的"实验"只有流氓才做得出来，必将遭受相应的惩罚；但是，如果有片小树林出于某种原因将被砍伐，或者有片大林区里有些需要"处理"的多余老树，在有需要"处理"的多余老树的大林区里，就可以直接进行实验了。举几个可供实验研究的问题：哪些种类、哪些年龄的树上可以观察到受伤导致的异常大量开花呢？应该在哪个季节安排伤害，才能产生最明显的效果呢？要是把受伤的树开的花剪下来，不让它们自由开放，又会有什么结果呢？我们知道，开花结果会夺走植物的大量精力。假如有棵受伤的白桦，就像我童年时见到的那样，而我们把树上的花去掉，那它能不能顺利地活下来并愈合伤口呢？

前面已经指出，受伤的树的种子活性比较差。差到什么程度呢？从健

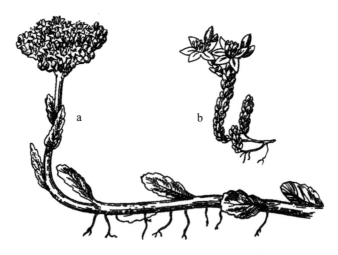

图 81　a. 被镰刀割断却依然存活的景天（*Sedum purpureum*）；b. 能在标本夹里长期生存的苔景天（*Sedum acre*）。

康的橡树上摘 100 枚橡子，大约有 80 枚能发芽，甚至会更多；要是橡树被砍过或被闪电劈过，它的橡子中又有多少能发芽呢？这类实验业余爱好者也完全可以做，说不定还能获得一些既有趣又有用的结果呢。

受伤的草本植物会不会异常地大量开花呢？就我记得的情况看，这种现象是观察不到的（起码是不很明显）；但我在受伤的草上见过另外的有趣现象。下面举两个我印象特别深的例子。

有一回，我在幼林的空地上发现了一排割过的草，不知怎么在收获时给忘掉了。这些草已经干枯发黑，应该是放了一个多月了，其间还被雨淋过几次。

这片黑色的草中有一株开花的景天，但不知为什么怪异地弯曲着。

我弯下腰查看，发现它根部附近被割断了，所以倒在地上，但开着粉色花朵的茎却往上弯。我想把茎扶起来，却费了点儿功夫：它已经紧紧地连在地上了。原来，茎干的水平部分长出了许多细小的根，都伸进了土里。要不是我惊动了它，这棵被割断的景天本能重新扎根活下来的。

多么顽强的生命力呵！

我把这棵景天带回家给尼古拉哥哥看。

"没错。"他说，"这便是景天科植物（*Crassulaceae*）几乎都具有的顽强生命力的一个绝佳案例：它们的肉质茎和肉质叶中富含营养物质，这并不是没道理的。景天还算不上生命力特别强的；我举个例子，苔景天就算被做成标本夹在纸片里，有时都能活上好几年呢。"

我记得的第二个例子是这样的。花园里有块草地，夏初就收割过了，我在那里发现了一朵蒲公英，它的茎干很明显被镰刀弄伤了。茎干上的伤口很显眼，而切下来的肉刺长成了一片相当大

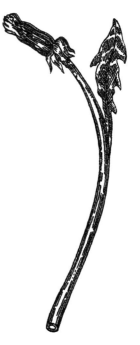

图 82　茎干中央长出叶片的受伤蒲公英。

的绿叶。这种异常现象——也就是蒲公英的茎干中央长着一片叶子，我一辈子只见过一次。后来我又多次尝试用人工手法制造出这种叶子。我试着用削笔刀或剃刀切割茎干，却总是一无所获。这种失败未必是由于切割不够精确，因为我试过用不同的力道切。或许我切的茎干已经太成熟了？也许得选个茎干刚开始发育的时候？

我不清楚。不管怎么说，假如有读者试着做做这些简单的实验并取得成功，我会感到非常高兴的。

第十四章　植物学趣闻

"那是自然造化的万千奇观!"

——И.А.克雷洛夫[①]

---

① 伊万·安德烈耶维奇·克雷洛夫（1769～1844），俄罗斯诗人、寓言作家、政论家。引文出自其寓言《好奇的人》。

像甲虫一样翻身的植物

你也许见过仰面朝天的甲虫，比如五月金龟子、蜣螂或瓢虫。它要翻回正常的姿势时会怎么做呢？首先它用坚硬的鞘翅使劲往地上撑，然后伸长6条腿，努力想抓住个支撑物：要是能成功抓住的话，任务就轻松多了。

有种植物在必要时也能用非常相似的办法进行翻身，这种植物在我们这儿并不难找。

如果你仔细观察过沙坡上或松林里的植被，你或许曾注意到一些独特的绿色"莲座"。这种植物名叫 *Sempervivum soboliferum*，也就是"长生草"①，但民间不知为何把它叫作"青春草"。开花的长生草是非常罕见的，我这辈子一次都没见过。但长生草本来也用不着开花：它靠幼芽就能繁殖得很好，幼芽可以直接长成新的莲座。这些"孩子"常常长在"母亲"身边，但有时幼芽刚好从叶子之间生出来，结果"孩子"就直接长在"母亲"的莲座上了。长到足够大之后，它就会翻落到地上。这种情况有时也会由偶然的外力导致，比如说被雨点打到或者过路人的脚蹭到，或被松树上掉落的球果砸到等，这都可能让小莲座从"母亲"身上脱落。掉到地上的莲座自然远非每次都是理想的姿势，也就是底朝下；它完全可能侧面着地，有时甚至翻了个底朝天。于是它开始跟甲虫一样行动，只不过动作要慢得多了。假如莲座是侧面贴地，它底下的叶子会受到挤压，便开始加强生长。这些叶子就像甲虫的鞘翅一样，把莲座翻回到正常的位置。

假如莲座是底朝天，翻身就要靠根来完成了，这里的根就好比甲虫的6条腿。根钻进地里，往自己的生长方向拉扯，把莲座给翻过来。如果有两三条根同时拉扯，翻身就会朝着"合力"的方向进行。如果几条根恰好以相同的力往相反的方向拉扯，莲座就翻不了身，整个植物就死掉了。

---

① 景天科长生草属，是一类今天所谓的"多肉植物"。

图 83　长生草（*Sempervivum soboliferum*）。

如果你有机会搞到几棵小长生草，就很容易观察到上述现象的所有细节。为此只需把莲座以不同的姿势放在一盘潮湿的沙子上，再把盘子放到阳光下。莲座彻底翻身有时要一周，有时要三周左右才行——比甲虫翻身要慢得多。

假如能把甲虫和长生草的翻身都拍成影片，并把前者的速度大大放慢，把后者的速度大大加快，令二者翻身所用的时间大致相当，这会是件非常有趣的事情。这样一来，就能很明显地看出这两者的翻身究竟有多像了。

根朝天的南瓜苗

能不能让植物的根朝天生长呢，哪怕只是一小段时间也好？事实上是能的！这种好玩的现象可以在许多植物身上制造出来，但最好是用南瓜的幼苗来做。把南瓜籽种在地里，观察幼苗的情况。到了某个时刻，地上便长出弯曲的茎，其一头钻进地里生根，另一头与藏在种壳里的子叶连在一起。茎内汁液的压力会令这条茎伸直，在垂直方向上立起来。与子叶相比，连着根的一头同地面的连接更紧，所以在茎伸直的过程中，子叶会从种壳里抽出，便形成了子叶在上茎在下的情况。茎一般都是这样伸直的。但是，你可以试着把种子周围的土稍微弄紧点儿，而根附近的土则恰恰相反，要弄松很多。最好再把主根切掉。这样一来，令茎伸直的力量会把根从土里拔出，整株植物便呈现根朝天的状态[①]。但根依然会朝下也就是朝地面生长，而茎依然会朝上生长。茎的生长速度比根快，所以根怎么都够不着地面。然而，这棵植物可以靠子叶里的营养储备生存一段时间。等这点儿微薄的储备耗尽后，植物就死掉了。

不过，茎部的叶绿素应该也能提供一点营养。在做这类试验时，我曾种出过一株根朝天的南瓜苗，它长着发达的绿色子叶，只有子叶尖儿插在地里。这株南瓜苗活了挺久——大概有三周，甚至还成功长出了两片叶子。

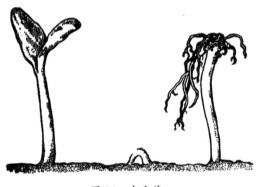

图 84　南瓜苗。

会跳的坚果

晚秋的街上阴沉沉的，泥泞不堪。我那患病的脊椎和全身的关节都在酸痛，就像烂掉的虫牙一样。这种心情最不适合去想炎热的天气、太阳和热带植物了。这时电话响了，打电话的是 N。

---

① 茎要么一端上升，要么另一端上升，这是按照"作用力平衡于反作用力"的力学规律发生的。——原注

"我有个植物学的问题。有人送了我个热带坚果,不知是从印度,还是从巴厘岛,也许是从美洲运来的。这坚果可了不起了:它会跳!而且跳得可好了!我晚上把它放在书桌上,早上却发现它躺在房间对角的地板上。你能不能给我解释一下,这到底是什么东西呢?"

"我个人嘛,"我说,"从没见过这样的坚果,但倒是读到过相关的东西。它会跳是因为里面长了虫。但这种坚果是来自哪种植物,里面又是什么虫,这就不好说了。"

"去哪儿才能更详细地了解呢?"

"最好是去植物研究所吧。"

过了三天,N 又打电话给我。

"我去植物研究所找了 M。他非常热情地接待了我,而且他也只是在文献上读到过这种坚果,现实中从来没见过。我们便一起做了试验,进行了有趣的观察。放在桌上的坚果只能微弱地跳动;而要是放在手掌心里,它就跳得很棒了,约有 1 厘米高,有时还能'翻筋斗'呢。这大概是手上温度的作用。M 对这种现象的解释跟你说的一样,也是说坚果里长了虫。我问 M:它到底是怎么进去的呢? 就算用放大镜看,坚果上也找不到半个小洞呀。"

"这说明不了什么。昆虫可以把极小的卵产在子房里。等子房长成果实后,虫卵就会孵出幼虫,幼虫吃着果肉长大。"

"我说:可我还是不信里面有虫。"

"然而就是这么回事——M 对我说。"

"既然如此,这坚果我不要了。把它切开吧!"

图 85 会跳的坚果。

"M 切掉了坚果的部分外壳，里面确实有条肥肥胖胖的幼虫。有趣的是，等我把坚果带回家后，它又重新变完整了。幼虫用类似丝的东西把洞堵上了。但坚果再也不会跳了。幼虫想必是化成蛹了，要么就是死了。"

我到了 N 的住处，试着把会跳的坚果从几个不同角度画下来。但它的外观和颜色都像是普通的松果，看不出什么有趣的地方。

后来我又跟植物学家聊了聊并查了点资料，从中得知，会跳的坚果是大戟科（*Euphorbiaceae*）地杨桃属的几个热带树种的果实[①]。这些果实中生活着卷叶蛾科（*Torticidae*）的一种小飞蛾 *Carpocaps saltitans* 的幼虫。

在欧洲，"会跳的坚果"最早是 1854 年从墨西哥输入的，而在墨西哥，直到今天都常有街头小贩把它当玩具卖。

坚果是怎么跳的呢？幼虫用最靠后的一对腹足抓住坚果内壁，然后身体迅速向上弯曲。由于幼虫本身很重，所以运动时坚果加幼虫的整体重心便会明显向上移动。

上述现象的原理大概是这样的：想象你站在一个非常轻盈、宽大的封闭盒子的底部，且双脚不知为何粘在了盒底上。假如你在这种情况下跳一跳，整个盒子也会跟你一起跳。坚果能跳两个月左右，等幼虫化成蛹了，跳跃就会停止，再过三四个月坚果里就会钻出蛾子。

后来我成功弄到了几个"会跳的坚果"，情况基本就是这样发生的。起初坚果跳得很好，且房间里的温度越高就跳得越好。等它们安静下来后，我便把它们放进盒子里，就这样把它们忘了半年时间。等我想起来后，打开盒子便看到这样一幅情景。两个坚果毫无变化（里面的幼虫或虫蛹显然是死了），第三个坚果上能看到一个光滑的小圆孔。旁边躺着一只死掉的蛾子，样子就像是灰色的大夜蛾。这只柔弱的蛾子未必能自己在坚果上打洞。想必是幼虫已经预先完成了主要工作，蛾子只需最后一推，就能打开通往外界的道路。

[①] 还有其他植物的果实也能以类似的方式跳动。我曾读到过：我们这儿的橡果里如果寄生了瘿蜂科（*Cynips*）的橡树瘿蜂，便也会在幼虫的运动下发生翻转。我没观察到过这种现象。——原注

残缺的丁香叶

在"植物界的怪胎"一章中，我们谈到了多瓣的丁香花。现在我们来看看另一种同样是常在丁香上看到的异常现象。这种异常很容易观察，不仅是在丁香花开的春末夏初，而且在晚秋之前的任何时间都行，只要丁香树上还有叶子就行。

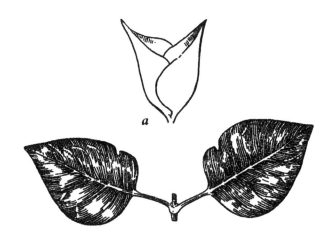

图 86　对称位置上有凹陷的丁香对生叶（经缩小）；a.胚叶在叶芽中的位置示意图（经放大）。

丁香叶总是对生的，是一种典型的全缘叶。正常的丁香叶的叶缘既没有锯齿也没有弯折。但只要仔细检查下大丛丁香的叶片，你大概就会发现有几片叶子的边缘并非完全平整，而是有个很小但清晰可见的凹陷。在寻找带凹陷的叶子时，需注意其对生叶在对称的位置上也一定会有个凹陷。

全缘叶上的这种缺陷是怎么来的呢？这里自然会想起长着锯齿叶的园艺丁香变种。有一种丁香（波斯丁香）叶子上的凹陷非常大，几乎凹到了叶脉，所以叶子近似羽毛状。另一种丁香的叶子已经和真正的羽状无异了，因此在看到这样一丛没开花的丁香时，经验不足的植物学家可能不会马上

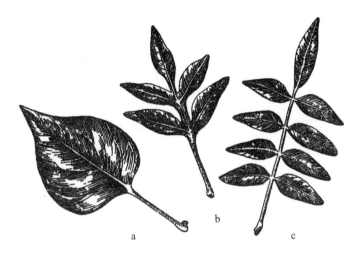

图 87　波斯丁香的叶子：a. 简单形状，b. 羽状裂叶的变种，c. 羽状叶的变种。

猜到这是丁香。

于是我们自然要猜想了：残缺的叶片上是不是体现出了变成羽状裂叶的倾向呢？自从认识了异常的园艺波斯丁香后，我就有了这么个想法。但我的猜测只是个幼稚的误解。不过我丝毫不为这个错误而难为情，特别是后来我又得知，一些正牌植物学家和园艺师也持有完全相同的观点。

事实上，按照植物外科学专家 Н. П. 克连凯[①] 的解释，这里发生的是一种完全不同的有趣现象。这是一个植物自己伤害自己的例子。叶芽中仍处于胚胎阶段的叶子会相互伤害。叶芽中的丁香叶的位置是这样的：一片叶子的一半插入了另一片叶子，也就是其对生叶的两半之间。叶芽里的嫩叶紧紧挤在一起，有时都弄得不和气了[②]。叶子在长大时会以边缘相互挤压，导致双方都有残缺。

到了长成的叶子上，这种伤害的痕迹便体现为残缺。

如果在秋天、冬天或初春时用力揉压丁香的叶芽，就能提高里面长出残缺叶片的概率。

① 尼古拉·彼得洛维奇·克连凯（1892 ～ 1939），苏联植物学家。
② 俄语成语："地方虽挤，却不失和气。"

我曾试着做这样的试验，但做得不够精确，所以结果并不如我希望的那么可信和有效。

读者朋友，说不定你能做得更好呢?

看不见的花

在介绍雪松和松树的一章的开头，我们提到了所谓的花生。读者朋友，也许你很熟悉这种花生；但你有没有见过活的花生植株上的果实呢?

这种豆科植物的特点是：果实成熟期的花柄会变长，果实会埋到地里。总之，就是花在空气中发育，而果实自己种到地里。真是又巧妙又合理啊!

但如果问问知识渊博的植物学家，有没有植物的花朵在地下发育，而果实钻到外边的呢? 乍一看这种组合简直是荒唐透顶。但在自然造化的种种奇迹中，还真有这样的植物!

图88 花生。

你可能首先要问了:

"花真的有可能开在地下吗?"

怎么不可能? 从理论上说，凡是不需要风媒或虫媒传粉就能结果的植物——也就是自花授粉的植物都可能开地下花。植物学家把这种花叫作"闭花"，也就是封闭交配的花朵。但事实上，在这许许多多的闭花植物中[1]，只

---

① 我不清楚最新的数据，但在20世纪初以前，人们知道的闭花植物有628种，分属62个不同的科。——原注

有少数（几十种）能在正常的花之外长出地下的花芽。顺便说一句，我们这儿有两种十分寻常的豌豆：现中文学名为救荒野豌豆（*Vicia sativa*）和窄叶野豌豆（*Vicia angustifolia*），它们的几个特殊变种都能开出地下花。这些变种只有在俄罗斯南方和西欧才能见到。那么，普通的豌豆是否偶尔也开地下花呢？植物学家觉得可能性很小，所以也没必要去寻找。

在 1924 年之前，人们只知道结地下果的地下花。1924 年，植物学家 H. A. 特洛伊茨基发现了一种地下花，它结出的果实会钻出地表。这种矛盾的现象在一种鳞茎类植物——石蒜科黄水兰属植物（*Sternbergia colchiciflora*）的某些植株上可以观察到。这种植物外表有点像番红花或秋水仙（*Colchicum*）[①]，

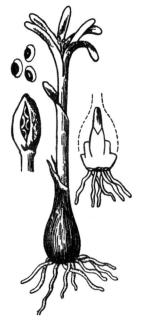

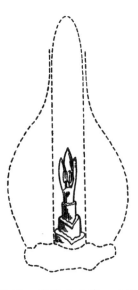

图 89　石蒜科黄水兰属植物（*Sternbergia colchiciflora*）。整个植株、鳞茎纵截面及内花、果实和种子。

图 90　鳞茎及内花。叶子及部分花瓣被去掉了（经放大）。

[①] 黄花石蒜、番红花和秋水仙的相似仅限于花的外观；这三种植物的内部结构大相径庭，且分属三个不同的科。黄花石蒜属于石蒜科（*Amaryllidaceae*），番红花属于鸢尾科（*Iridaceae*），秋水仙属于百合科（*Liliaceae*）。——原注

通常在 9 月开出仿佛是从地下钻出来的黄色花朵。临近晚秋会形成果实，到了春天会长出几片绿叶，果实成熟，散布种子。叶子不久后就脱落了，所以在夏天里直到下次开花前，整个植物都完全看不到地上的部分。

有些石蒜科黄水兰属植物植株上能观察到一种奇怪的现象：秋天根本没开花的鳞茎，临近春天时却与叶子一起长出了现成的果实。特洛伊茨基解释说，这些果实是由完全藏在鳞茎内部、被胚叶形成的罩子盖住的花变来的。花的受精显然是通过自花授粉实现的。这并不会影响种子的良好活性。这些花是真的不容易找，必须在地上没有半点迹象的时候去寻找。不仅如此，找到十来个比较完整的鳞茎后，还得去猜哪个里面能发现发育良好的花朵⋯⋯

必须指出，尽管这种现象与花生的完全相反，但还是必须承认其适应的合理性。藏在鳞茎里的花朵丝毫不受疾病和害虫的侵害，而果实留在地下就很不利了，因为地下的果实无法把许许多多长翅膀的种子传播开来。这只有对花生才比较方便，因为它一次只结两三个种子。

请看看后面这些图，上面画出了一些有趣的植物。

下图这种有趣的树生长在澳大利亚。在雨季里，它在瓶状的树干里储存了大量水分，供漫长的旱季使用。

图 91　瓶子树。

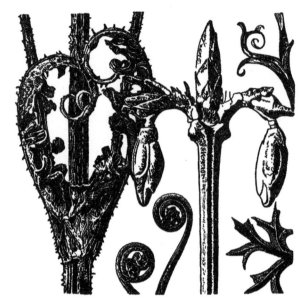

图 92 "铁"植物。

上图画了几种形状非常特别的植物，看上去就像铁丝网和它的组件。左边的是金莲花，生长在土壤肥沃的潮湿地区。右边的是日本的"金球"。下边是蕨类植物的幼苗。

大自然有时能创造出惊人的神奇植物，有一种美洲植物尤加树，生长在亚利桑那（北美）的野生环境中。尤加树是一种非常柔韧的植物。当风暴来袭时，被压弯的树干深深地插入地面并将根部拔起，形成一道独特的"大门"。其顶端很快就会长出新的树苗

这就是自然造化的神奇植物的一个例子。

第十五章 写给植物猎手

"我们的祖国多么辽阔广大，

那里有无数森林、田野与河流……"

—— В.И.列别捷夫-库马奇①

---

① 瓦西里·伊万诺维奇·列别捷夫-库马奇（1898～1949），苏联诗人。引文出自他的《祖国之歌》（又译《祖国进行曲》，1935）。

田野、森林与河流……草原与高山……沙漠与海滨……俄罗斯的植被中蕴含着多么丰富的宝藏呀！从严寒的北极海岸到阳光明媚的科尔希达和炎热的沙漠，从波罗的海沿岸到遥远的勘察加和千岛群岛，到处都是无边无际的辽阔土地。

"您在哪儿也不会见到这么大的幅员，

这里把广袤无际的草原

叫作草地；只要一到播种期——

各种作物，一眼就望不到边际！

……

这里有多美丽的江河！

这里有多茂密的森林！我向您保证，

俄罗斯的自然景物必将打掉莱茵河

景色的傲气……"

涅克拉索夫这些优美的诗句是多么动听啊！[①]其中包含着多少对祖国和大自然的爱啊！

植物始终在人类的生活及其文化发展中发挥着重要作用，直到今天也依然如此。在人类文明发展的初期，人还生活在森林中，不晓得有火也没有武器，但他已经熟悉了一些根茎和果实可以食用的植物。后来，当人走出了森林，寻找草原、草场和河谷来放牧驯化的家畜时，他便开始种植一些已知的植物，以及一些新发现的植物，其中最主要的自然是谷物了。继谷物之后，被人类纳入种植范围的是果实作物和蔬菜，随后是纤维作物和油料作物。随着技术的发展，人类还必须利用并耕种植物来生产纸张、获取木炭、提取橡胶、树胶、芳香油、糖、颜料以及各种各样的复杂化合物。

人类文明的基础就是这样形成的！就算是在今天，植物仍然为人类提供食物，它们为我们提供了各种各样的药物，为我们提供了燃料和建筑材

---

① 引文出自涅克拉索夫的《加兰斯基伯爵旅行记片段》（1853，魏荒弩译）。

料，喂养了我们庞大的畜群，提供了生产颜料的材料，提供了橡胶、芳香油和植物油以及我们日常生活中广泛使用的许多其他产品。

读者朋友，如果你仔细阅读了这部小书，你自然会注意到，作者总是尽可能地展示出植物给人带来的益处。不管是菱角，还是曼陀罗；是微小的硅藻，还是巨大的桉树；是向日葵，还是北美红杉……在介绍各种植物时，文中处处都指明了这一点。

关于人类对植物的利用，我们自然还能举出不计其数的例子。但先就此打住吧！难道有谁会怀疑这一点吗？我们还是来谈谈俄罗斯的植物吧，了解一下人们能从中获得什么。

然而，似乎不必对你介绍森林、泥炭沼泽、草场和草原有多大的经济价值。森林为许多工业领域（锯木、木材化工、造纸、胶合板、硬纸板、火柴、木材加工）提供了原料，这一点人人都知道！

森林是最重要的国民财富之一。森林是水源的守护者，爱护森林也能为居民保护河流，保障农庄的庄稼丰收。你肯定知道对俄罗斯草原和荒漠的伟大的改造计划。防护林带的种植将改变南方的自然条件，保护我们免受来自东方的旱灾和旱风之害。

我们也都了解泥炭沼泽的价值，它是许多发电站的主要燃料储备之一。你应该知道，如今我们主要使用的是廉价的"白煤"——河水，其水力会被水电站的强大涡轮转变为电能。但泥炭除了充当燃料，还广泛用作肥料和牲口的垫料，人们成功地用泥炭种出了芜菁、土豆和作饲料的甜菜，它在医疗中也有很大的用处。

我们也很清楚浸水草场和干谷草场的价值，人们从草场上收割了大量的干草。所有的畜牧业（特别是俄罗斯东南部和中亚的畜牧业）都与饲料地、与草地或草原牧场息息相关。

在上述例子中，植被的实践价值都是不言而喻的，因此我们应该不断努力改善我们的森林、草场和沼泽。必须保护这些植被，合理从事经营，让森林既能正常地恢复更新，又能按我们的需要改变自身的组成，让草场上的杂草更少，豆类和谷物更多，让沼泽能产出更多的泥炭——一句话，就是让木材、干草和泥炭的产量更高、质量更好。

但我们想为"植物猎手"介绍的并不是这些东西。年轻的读者朋友，你大概读过迈恩·里德的《植物猎手》吧①？回想一下卡尔·林登和印度人奥萨罗的故事②，想想他们在印度丛林中旅行，寻找着独特的槟榔果，却惊恐地看见咀嚼槟榔果的人露出血盆大口（槟榔果肉被嚼烂时会把人的唾液染成血红色）；他们在董棕树干上打洞，饮用流出来的"香槟酒"；他们在30米高的竹林中跋涉，而当地人用竹子搭建简单的房屋、制作器皿和输水管……至于美味的香蕉、芬芳的蜜瓜以及热带自然的许多其他产物就更不用说了。

要如何利用各种野生植物，这正是"植物猎手"应该仔细思考的问题……在漫游俄罗斯山河大川的旅途中，青年地质学家和博物学家可以从当地人口中了解到许多关于植物实践运用的新知识。这种十分熟悉身边的大自然、有时还能让专家折服的普通人难道还少吗？这可不是屠格涅夫笔下的"美丽的梅恰河畔的卡西扬"③，只晓得旁观和赞叹自然的伟大；不，他们是真正的追求者，是名副其实的自然"试验者"。

当年我曾多次在外伏尔加、维特鲁加和克尔热涅茨④的森林中旅行，那是"罗斯自古居于森林沼泽之中"⑤的地方。旅途中我常会碰到护林人，有时与住在密林哨所中的老护林人聊一聊，听他与我分享对大自然的细致观察，不禁为之惊叹……不错，这种白发苍苍、"叫人捉摸不透"的老护林人

---

① 托马斯·迈恩·里德（1818～1883），美国作家。《植物猎手》（又名《喜马拉雅探险记》，1857）是他创作的一部长篇小说。
② 均为《植物猎手》中的人物。
③ 伊万·谢尔盖耶维奇·屠格涅夫（1818～1883），俄罗斯著名作家。《美丽的梅恰河畔的卡西扬》是他创作的短篇小说，故事中的卡西扬是一个善于观察和思考自然的老农。
④ 均为伏尔加河中下游沿岸地区名。
⑤ 俄罗斯作家梅尔尼科夫–佩切尔斯基（1818～1883）的长篇小说《在森林中》（1875）里的一句话。罗斯是俄罗斯的古称。

有时并不会马上打开话匣子——

> "然后便开始谈天说地，
>
> 把甲虫说得仔仔细细，
>
> 聊聊松鼠，谈谈老狼，
>
> 讲讲鼹鼠，说说狐狸，
>
> 我久久坐在爷爷身旁，
>
> 直到半夜还待在森林……"

这样的人能为我们提供多少有趣而宝贵的知识啊！请你记住，如果要将各种野生植物用于生活实践，我们需要的正是这些当地人的知识。如今许多得到广泛运用的医用作物（侧金盏、水蓼、沼泽鼠曲草、白屈菜等），俄罗斯大多数的染色－鞣皮植物或类似的作物，都是通过这个渠道得到采用的，更不必说野外的许多食用植物了（作香料的、沙拉的、浆果的、制糖的等）。

还有许多野生植物尚待科学研究和经济开发。方志学家们、青年博物学家们，请更勇敢地去寻找大自然最优秀的造物，更勇敢地去寻找能为我们所用的植物吧！

这方面的工作非常多又非常有趣。看看我们的药用植物吧！德国洋甘菊和母菊，侧金盏和缬草，睡菜和覆盆子，石松和欧洲越橘，北极果和百金花，铃兰和艾草，鼠李和椴树，松树和云杉，刺柏和冷杉，以及许多其他的物种——这些植物随处可见，且都有极大的药用和医疗价值。

白屈菜和草甸毛茛，鼠曲草和花葱，赤杨和地榆，剪秋萝和卵叶酸模，报春花和益母草——这些原来都是非常珍贵的医用植物，都是我们在近几十年里才了解到它们的。再想想产出甘草根的乌拉尔的甘草，公认能治肠虫的中亚的山道年蒿，远东的五味子和人参，中亚的野蔷薇和麻黄、猪毛菜和稗草……你要知道，这些植物中有不少只生长在俄罗斯，在其他国家根本就碰不到。无疑还有许多未知的植物藏在高加索、阿尔泰和萨彦[①]地

---

① 西伯利亚南部山脉。

方的高山中；还有不少有用的植物生长在东西伯利亚、乌拉尔、远东和中亚……

看看经济植物吧！各种柳树和北极果、几种老鹳草和水杨梅、两栖蓼

图 93　侧金盏。

和"虾腹草"①、酸模和"伊万茶花"②、橡树和云杉、赤杨和白桦——这些都是极好的鞣皮植物。核桃树和椴树、遏蓝菜和团扇荠、西伯利亚茱萸和

图 94　水蓼。

---

① 中文名拳蓼（*Bistorta officinalis*）。
② 中文名柳兰（*Epilobium angustifolium*）。

牛蒡（有时也被称为"狗儿草"）的种子中含有许多珍贵的油脂，非常适合作油漆工业和肥皂工业的原料。

至于那荨麻和林生薰草、沼泽中丛生的芦苇，还有那立在沼泽与河湾

图 95　缬草。

中的香蒲花，以及我们这儿的许多种莎草，难道不能用来制作粗纤维或编织草席、芦席和垫子吗？

而芝麻和薄荷、鼠尾草和南欧丹参、香芹、欧白芷和白芷、许多种艾草和椴树——难道它们不是携带着芳香油，不是化妆品工业和食品工业必不可少的原料吗？

而金色的染料木和母菊、雏菊，还有金丝桃、五木香和黑色的接骨木呢？难道不是被人们用作染料植物吗？

而我们的橡胶植物，比如橡胶草、橡胶鸦葱和克里木橡胶草呢？还有高加索的颠茄和莨菪呢？

而许多开着美丽花朵的多年生植物呢？比如西伯利亚的"火焰"金莲花，高加索牛奶般洁白的"聚水草"①，极地橘黄或柠檬黄的罂粟花，阿尔泰毛茸茸的火绒草，西伯利亚的铁线莲，浅蓝色的高山龙胆草，以及高山草地和森林中许许多多神奇的居民？我们的园艺师还很少能把这些植物引进花园和公园，更别提去改良它们的观赏品质了。请你试着在自家的小花园或学校的花坛里进行这项有趣的工作！你会立刻看到这里蕴藏的巨大潜力……

这样的例子还可以不断地列举下去：蔓越莓和云莓、红草莓和绿草莓、黑茶藨子和花楸、蕨类以及许许多多其他的植物——这些对我们有益的植物，我们对它们的地理分布，更重要的是它们在自然界中的储备状况却往往知之甚少。

没有了"植物猎手"的帮助，植物学家就寸步难行。如今具有突出的实践价值的，是那些各个部位能用在不同方面的植物。如果我们说，成片生长在伐木场、夏天里开出亮粉色的大花的"伊万茶花"既可以用于纺织（种子上的纤维），又可以用于鞣革（叶、茎和根）；如果我们说，北极果既能采集作药用（叶），也能作鞣制墨绿色皮革的良好材料（茎和根）；如果我们说，芝麻不仅是珍贵的油料作物，还是园丁眼中美丽的装饰植物；如果我们说，普通的荨麻不仅是很好的食用植物，还是一种含有多种维生素

---

① 中文名楼斗菜（*Aquilegia viridiflora*）。

的极具价值的植物，荨麻叶可以制成上等的水彩，荨麻根在高加索被糖渍后用作止咳药——换句话说，如果我们能更充分地了解身边的植物，认识到它们各种广泛的用途，不随便丢弃有时看似无用的"废料"，就能极大地

图 96　鼠曲草。

提高野生植物对日常生活的价值。

　　简单谈谈有毒植物。你已经读过瑞香——"嚼嚼树皮"的故事了，但那里讲的不过是小孩子的恶作剧。而我们的植物中还有更加危险的种类。举个

图 97　五味子。

例子，沼泽中生长着毒性极强的毒芹，不谨慎的自然试验者有时（特别是春天）会误食而身染剧毒。我记得这样一个悲惨的案例，曾有两名工人出现了急性中毒症状，被送往医院抢救：其中一人送医后很快不治，另一人经全力抢救脱险。后来得知，他们在一个晴朗的春日里路过沼泽，发现了一种肥美多汁的植物幼苗，便美美地享用了一番，结果付出了惨痛的代价。送到我们实验室的植株清楚地表明，这两名轻率的工人成为了毒芹的牺牲品。

而众所周知的羊肚菌中毒事件呢？这类蘑菇种类繁多，在俄罗斯中纬度的阔叶林和松林里都能见到。其中有的品种（如生长在壤土阔叶林中的波希米亚羊肚菌）是完全无害的，也有的品种（如生长在沙土松林中的、呈不规则的揉皱帽状的羊肚菌）毒性很强，还有很多种蘑菇确实有剧毒，必须高度防备，比如鬼笔鹅膏、细网牛肝菌、金环拟蜡伞……我们的草地和牧场上又有多少有毒的植物呢？它们毒害我们的家畜，给兽医和畜牧工作者带来了多少麻烦！这里也有大量可供观察的材料，方志学家和青年博物学家也能收集到许多信息，避免不幸的事件发生在人们身上。

总之，只要热爱祖国的大自然，热爱自己的故乡，热爱祖国的田野与森林、山丘与草地，我们每个人都可能会碰到这么多问题，有时并不复杂，但是非常重要。说到这里，我又想起了涅克拉索夫，在回到伏尔加河畔的故乡时，他诗兴大发地写道：

> "亲爱的森林絮语声声，
> 什么也比不上故乡的晴空！
> 故乡的田野啊，故乡的草地，
> 这里能多么自由地呼吸；
> 可爱的河水拍岸轻轻，
> 微波里响着同样的歌声……"[1]

年轻的读者！要爱自己的故乡，爱父辈的土地，爱自己的祖国！

---

[1] 引文出自《伏尔加河上》（1853，丁鲁译）。